工业机器人
操作与编程

黄 风 编著　>>

（配视频）

化学工业出版社

·北京·

内 容 简 介

本书从实用的角度，根据实际操作的需要，介绍了工业机器人从结构、连接、操作、参数设置到编程指令等方面的内容。本书按照循序渐进的原则编排各章节，读者可根据本书的内容顺序，一步一个台阶地学习，快速掌握工业机器人的有关知识和应用方法。

另外，本书还列举了工业机器人在检测、码垛、抛光等方面的实际应用案例，给出了详细的编程方法。这些应用是实际工作的总结，既可供相关技术人员参考，也可供高校学生在学习一定的基础知识后，了解如何在实际的项目中配置机器人。

本书配有视频，录制了笔者在机器人应用和教学中的成果，通过视频方式讲解了机器人应用中的关键技术、操作方法、编程指令等，为读者学习提供了极大的方便。

本书特别适于工业机器人设计、操作、维护人员阅读，也极适于职业院校相关专业师生参考。

图书在版编目（CIP）数据

工业机器人操作与编程：配视频 / 黄风编著.
北京 ：化学工业出版社，2025.7. -- ISBN 978-7-122
-47998-3

Ⅰ. TP242.2

中国国家版本馆 CIP 数据核字第 2025UN1059 号

责任编辑：张燕文　张兴辉　　　　装帧设计：刘丽华
责任校对：张茜越

出版发行：化学工业出版社
　　　　　（北京市东城区青年湖南街 13 号　邮政编码 100011）
印　　装：高教社（天津）印务有限公司
787mm×1092mm　1/16　印张 14　字数 327 千字
2025 年 9 月北京第 1 版第 1 次印刷

购书咨询：010-64518888　　　　　售后服务：010-64518899
网　　址：http://www.cip.com.cn

凡购买本书，如有缺损质量问题，本社销售中心负责调换。

定　　价：78.00 元

前言

近年来，工业机器人在制造业领域的应用越来越广泛，工业机器人是智能制造的核心技术。本书从实用的角度出发，对工业机器人的操作、设置、编程、应用等方面进行了介绍。

本书分为操作篇、编程篇、应用篇。

第1～8章为操作篇。在操作篇中对工业机器人的基础理论及操作进行了介绍。主要介绍了机器人的基本构成、技术指标、连接方法以及示教单元的使用与原点和控制点的设置等，读者经过简单的学习，能够使机器人动起来。

第9～12章为编程篇。在编程篇中对机器人编程指令、函数、状态变量、参数进行了详细讲解，提供了大量案例。经过对编程指令由浅入深的学习，可以很好地掌握这些指令。另外，结合软件的使用对重点参数的功能及设置进行了说明，这也是从使用者的角度出发的。

第13～17章为应用篇。在应用篇中介绍了工业机器人在实际工程项目中的应用，重点介绍了面对客户的要求如何提出解决方案、配置系统硬件、宏观地分析工作流程和绘制流程图、编制机器人的相关程序。

本书配有视频，录制了笔者在机器人应用和教学中的成果，通过视频直观讲解机器人应用中的一些重点内容，为读者学习提供了极大的方便。

由于笔者学识所限，书中不免存在疏漏之处，恳请读者批评指正。

黄风

目录

编程篇 *085*

第 9 章 编程指令的学习和使用

第 10 章　学习编程语言中的函数

第 11 章　读取控制器工作状态的手段——学习和使用状态变量

应用篇 *166*

第13章　编制程序及实际操作

第14章　工业机器人在手机检测生产线上的应用

第15章　工业机器人在码垛生产线中的应用

第16章　工业机器人在抛光中的应用

第17章 工业机器人与数控加工中心的联合应用

视频目录

参考文献

操作篇

第 1 章　认识工业机器人

工业机器人实质上是一套由运动控制器控制，可以实现多轴联动的多关节型工业机械。数控机床也是由运动控制器控制的工业机械。两者的区别是工业机器人是多关节型工业机械（模仿人类动作），一般可以做到 6 轴联动，而数控机床大部分是 3 轴联动。

视频1
机器人舞蹈《我和我的祖国》

1.1　工业机器人系统构成

工业机器人由以下几个主要部分构成（图 1-1）：机器人本体，包括机械构件和伺服电机；控制器，包括控制 CPU、伺服驱动器、基本 I/O、各种通信接口（USB/以太网）；示教单元，也称手持操作单元（TB），用于手动操作机器人运行、确定各工作点、JOG 运行、设置参数、设置原点、显示机器人工作状态；附件，抓手和各种接口板。

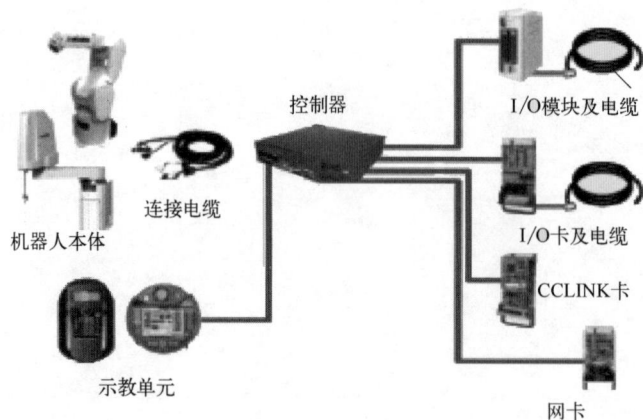

控制器
I/O模块及电缆
连接电缆
I/O卡及电缆
机器人本体
CCLINK卡
示教单元
网卡

图 1-1　工业机器人系统构成

视频2
工业机器人基本构成

1.1.1　机器人本体各部分名称

（1）6 轴机器人

6 轴机器人本体各部分名称如图 1-2 所示。

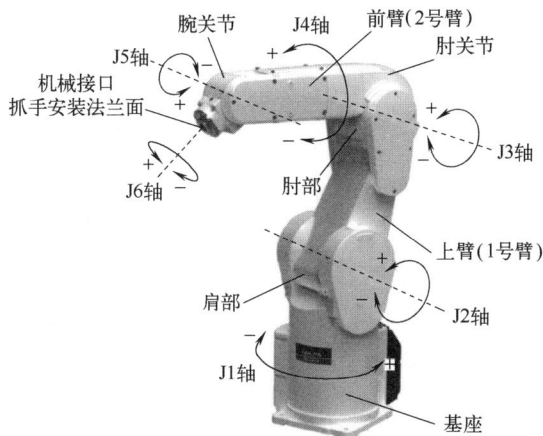

图 1-2　6 轴机器人本体各部分名称

视频3
工业机器人各关节轴的运动

（2）4 轴机器人

4 轴机器人本体各部分名称如图 1-3 所示。

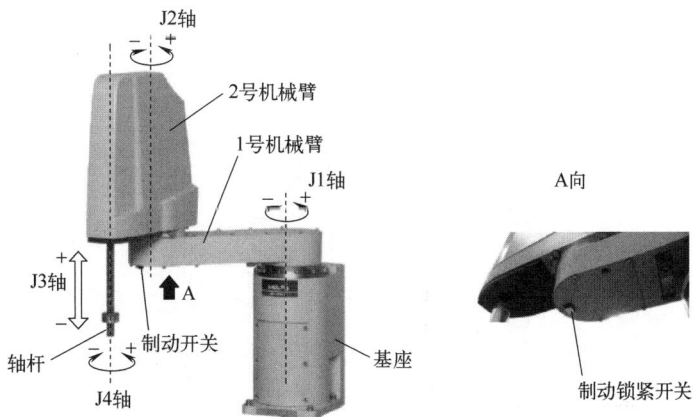

图 1-3　4 轴机器人本体各部分名称

1.1.2 机器人本体结构

工业机器人本体由四大部分组成：伺服电机、减速机、同步带、机械臂。伺服电机的功率及速度在机器人技术规格中有说明。要注意伺服电机使用的电源等级。很多机器人使用的是三相 220V 电源，如果使用三相 380V 电源就会烧毁机器人，这一点必须注意。减速机直接驱动机械臂运动，减速后可以增加转矩。同步带连接伺服电机和减速机，保证速度传动的同步性，不产生滑动和丢步。机械臂需要有足够的机械强度。

工业机器人各轴结构如图 1-4～图 1-6 所示，各轴内部详细结构如图 1-7～图 1-10 所示。

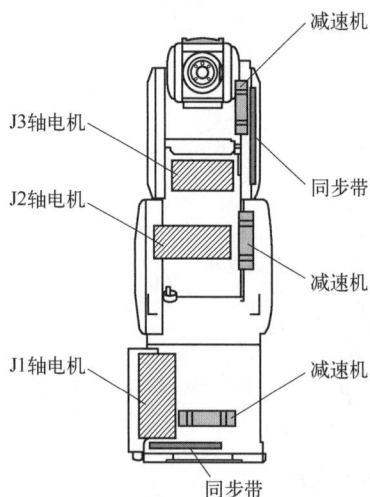

图 1-4 工业机器人 J1～J3 轴结构

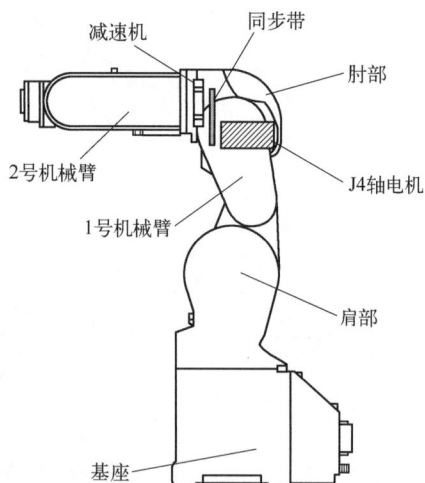

图 1-5 工业机器人 J4 轴结构

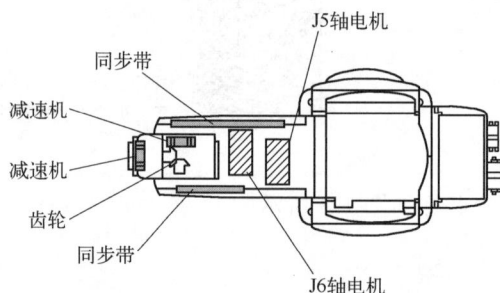

图 1-6 工业机器人 J5、J6 轴结构

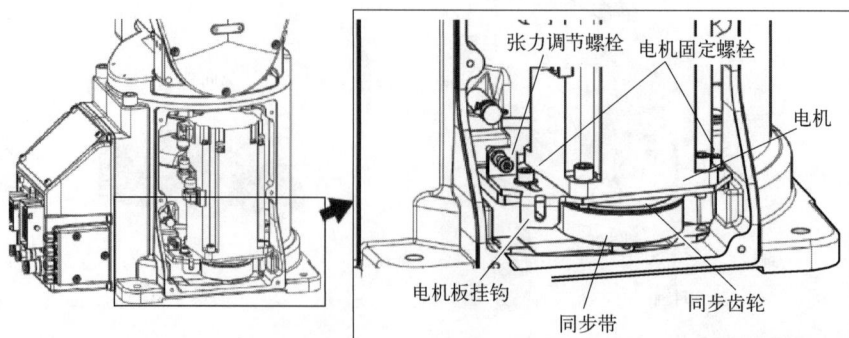

图 1-7 J1 轴内部详细结构

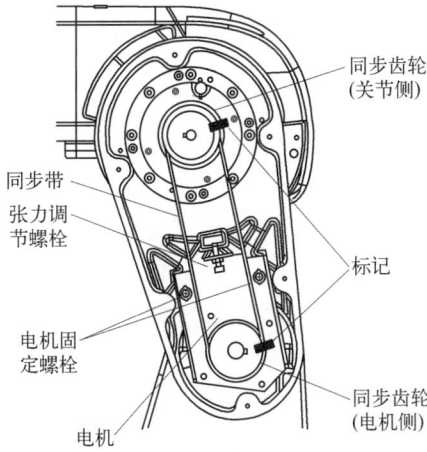

图 1-8　J3 轴内部详细结构

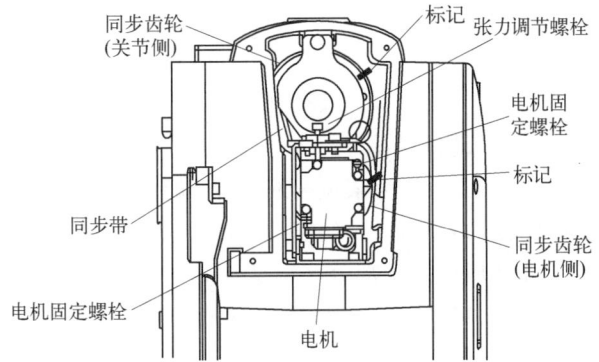

图 1-9　J4 轴内部详细结构

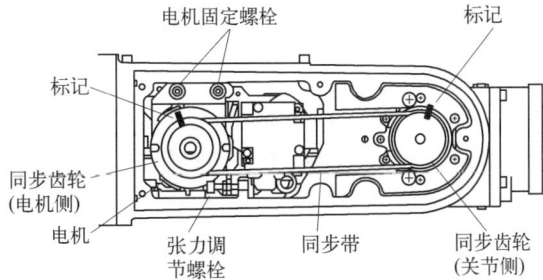

图 1-10　J5 轴内部详细结构

1.1.3　典型机器人外形尺寸及动作范围

（1）外形尺寸

为了在工作场地布置工业机器人，必须确切知道机器人的外形尺寸和动作范围。图 1-11 所示为某型号工业机器人的外形尺寸，由图可知：

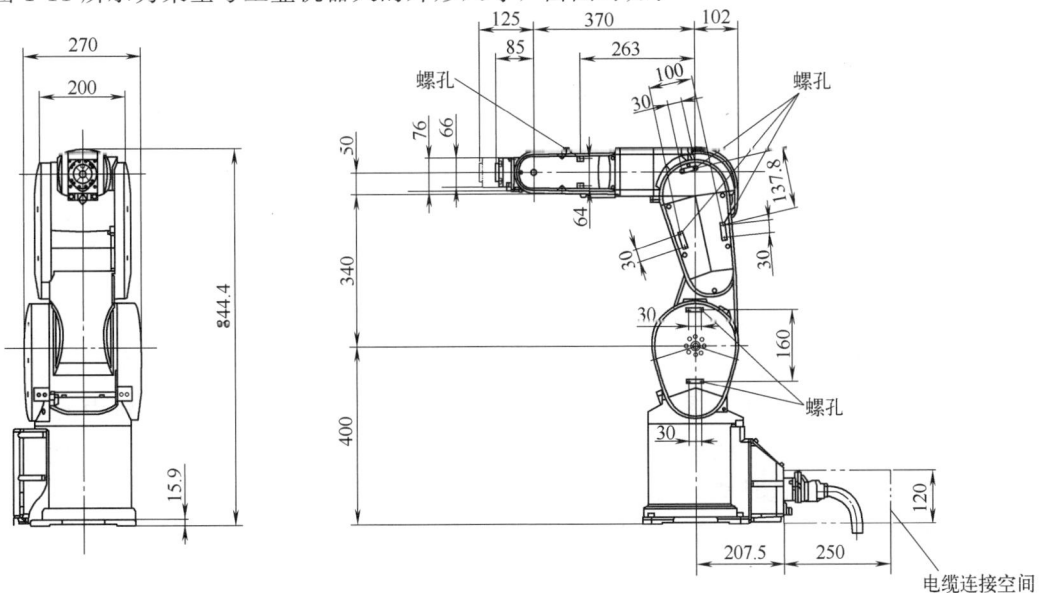

图 1-11　机器人外形尺寸

工业机器人长＝125mm＋370mm＋207.5mm＋250mm

＝952.5mm

工业机器人宽＝270mm

工业机器人高＝400mm＋340mm＋50mm＋370mm＋125mm

＝1285mm

（2）动作范围

图 1-12 所示为某型号机器人动作范围。J1 轴的旋转角度为±240°，J1 轴虽然不能360°旋转，但可正转（逆时针方向）240°、反转（顺时针方向）240°，这样可以覆盖 360°的工作区域，有一部分区域是重叠的，编程时应注意最大行程不超过 240°。J2 轴的旋转角度为−115°～+125°，J2 轴的旋转相当于机器人肩关节的运动，控制了机器人的俯仰程度。J3 轴的旋转角度为 0°～+156°，J3 轴的旋转相当于机器人肘关节的运动，控制了机器人肘部的工作区域。J4 轴的旋转角度为±200°，J4 轴的旋转实际上是机器人 2 号臂的旋转。J5 轴的旋转角度为±120°，J5 轴的旋转相当于机器人腕关节的运动。J6 轴的旋转角度为±360°，J6 轴的旋转实际不受限制。P 点实际上并不是 J6 轴法兰面的中心点，而是 J5 轴的旋转中心点，P 点不可进入区域表示了机器人手臂无法到达的区域，在进行前期设计时必须注意这一点。P 点的最大动作半径（R713.4mm）和最小动作半径（R197.4mm）是机器人工作区域的另一种表示方法。

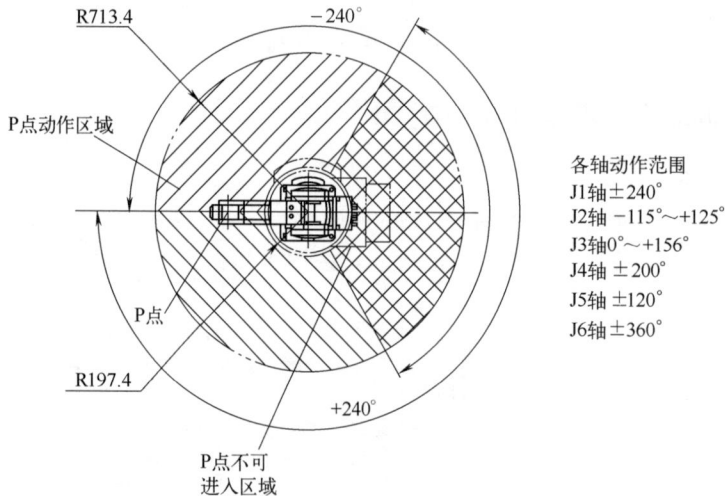

图 1-12　机器人动作范围

以 J2 轴旋转中心为圆心，以 R713.4mm 为半径的区域是机器人的立面工作区域，这个区域是一个球体，在这个区域内严禁有其他障碍物。以 J2 轴旋转中心为圆心，以 R197.4mm 为半径的区域是机器人的立面工作中不可到达的区域，这个区域是一个球体，在这个区域内不要设置工作点。图 1-12 中标出了 P 点不可进入区域，这是机械结构限制的原因，这个区域在基座部分，是一个圆柱体，在这个区域内不要设置工作点。

1.2　工业机器人技术规格

1.2.1　垂直多功能机器人技术规格

表 1-1 列出了垂直多功能机器人技术规格，其中电机容量、动作范围、最大合成速度、搬运重量，是选型的重要依据。

表 1-1　垂直多功能机器人技术规格

项目		单位	说明			
型号			RV-4F	RV-4FL	RV-7F	RV-7FL
环境代号			未标注：一般　C：清洁　M：油雾			
动作自由度			6	6	6	6
安装方式			落地、吊顶、挂壁			
结构			垂直多关节			
驱动方式			交流伺服电机/带全部轴制动			
位置检测方式			绝对值编码器			
电机容量	J1	W	400		750	
	J2		400		750	
	J3		100		400	
	J4		100		100	
	J5		100		100	
	J6		50		50	
动作范围	J1	(°)	±240			
	J2		240		−115～+125	−110～+130
	J3		0～+161	0～+164	0～+156	0～+162
	J4		±200			
	J5		±120			
	J6		±360			
最大速度	J1	(°)/s	450	420	360	288
	J2		450	336	401	321
	J3		300	250	450	360
	J4		540		337	
	J5		623		450	
	J6		720			
最大动作半径		mm	514.5	648.7	713.4	907.7
最大合成速度		mm/s	9000		11000	
搬运重量		kg	4	4	7	7
位置重复精度		mm	±0.02			

续表

项目		单位	说明			
循环时间		s	0.36		0.32	0.35
环境温度		℃	0～40			
本体重量		kg	39	41	65	67
允许力矩	J4	N·m	6.66		16.2	
	J5		6.66		16.2	
	J6		3.90		6.86	
允许惯量	J4	kg·m²	0.20		0.45	
	J5		0.20		0.45	
	J6		0.10			

1.2.2 水平多功能机器人技术规格

表 1-2 列出了水平多功能机器人技术规格，其中臂长、动作范围、最大合成速度、搬运重量、位置重复精度，是选型的重要依据。

表 1-2 水平多功能机器人技术规格

项目		单位	说明		
型号			RH-6FH35＊＊/M/C	RH-6FH45＊＊/M/C	RH-6FH55＊＊/M/C
环境代号			未标注：一般　C：清洁　M：油雾		
动作自由度			4	4	4
安装方式			落地		
结构			水平多关节		
驱动方式			交流伺服电机		
位置检测方式			绝对值编码器		
臂长	1 号臂长	mm	125	225	325
	2 号臂长		225		
			100		400
			100		
			50		
动作范围	J1	(°)	340		
	J2		290		
	J3	mm	133～333		
	J4	(°)	720		
最大速度	J1	(°)/s	400		
	J2		670		
	J3	mm/s	2400		
	J4	(°)/s	2500		

续表

项目		单位	说明		
电机容量	J1	W	750		
	J2		400		
	J3		200		
	J4		100		
最大动作半径		mm	350	450	550
最大合成速度		mm/s	6900	7600	8300
搬运重量	额定	kg	3		
	最大		6		
位置重复精度		mm	±0.01		
循环时间		s	0.29		
环境温度		℃	0～40		
本体重量		kg	36	36	37
允许惯量	额定	$kg \cdot m^2$	0.01		
	最大		0.12		

1.3　工业机器人主要技术指标

（1）动作自由度

要确定一个刚体（一个三维物体，而不是一个点）在空间的位置，首先需要在该刚体上选择一个点并指定该点的位置，需要 3 个坐标数据来确定该点的位置。即使"位置点"已确定，刚体仍有无数个相对于所选"位置点"的"形位"（pose），因为刚体还可以绕"位置点"进行三维旋转。为了完全定位空间物体，除了确定物体上的"位置点"外，还必须确定该物体的"形位"。根据空间几何学分析，需要 6 个坐标数据才能完全确定空间物体的位置。因此，需要 6 个自由度才能将物体定位到空间的期望位置。

为抓取和传送空间物体，机械手也应具有 6 个自由度。机械手的自由度越多表示其在空间定位的能力越强。机械手的每一个自由度是由其独立驱动关节来实现的。在实际应用中，关节和自由度在表达机械手的运动灵活性方面意义是相同的。关节在实际结构上是由回转电机组成的，在习惯上称之为"轴"，因此就有 6 自由度、6 关节或 6 轴机器人的命名方法。如果是 4 轴机器人就表示有 4 个自由度。

（2）最大速度

机器人动作的最大速度有两种表示方法：用每一轴的最大角速度表示；用机器人的控制点（即最前端法兰面的中心点）移动的最大线速度表示。

在自动程序中设置速度时，通常以最大速度为基准，设置速度倍率（百分数），获得实际速度。

（3）最大动作半径

机器人的最大动作半径是指在基本坐标系内控制点的最大动作半径。

（4）搬运重量

搬运重量是指机器人以额定速度运行，不发生报警的状态下，能搬运的物体重量。

（5）位置重复精度

机器人的位置重复精度是指机器人夹持额定重量的工件，以高速动作模式（程序指令 MvTune2），按图1-13所示的轨迹反复运行时的定位精度误差。

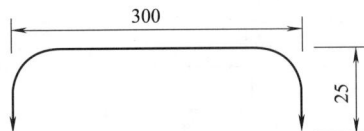

图 1-13　测试机器人重复定位精度的轨迹

1.4　工业机器人控制器技术指标

表1-3列出了工业机器人控制器技术指标，包括控制轴数、存储容量、可控制的输入/输出点数、可使用电源范围、内置接口等。

表 1-3　工业机器人控制器技术指标

项目		说明	备注
型号		CR751-Q、CR751-D	
控制轴数		最多6轴	
存储容量	示教位置点数	39000点	程序中可以定位的总位置点数量
	步数	78000步	程序中的步数
	程序个数	512个	可以同时存放在控制器内的程序数量
编程语言		MELFA-BASIC V	
位置示教方式		示教方式或MDI(Manual Date Input)方式	用示教单元驱动机器人本体,对当前位置进行记录的方式
输入/输出	外部输入/输出	输入点/输出点	使用外部输入/输出单元或模块可扩展的输入/输出点数量,最多可扩展至256点/256点
	专用输入/输出	分配到通用输入/输出中	由控制器内部定义的输入/输出功能
	抓手开闭输入/输出	输入8点/输出8点	内置,专门用于控制抓手的输入/输出点数
	紧急停止输入	1点	冗余
	门开关输入	1点	冗余
	可用设备输入	1点	冗余
	紧急停止输出	1点	冗余
	模式输出	1点	冗余
	机器人出错输出	1点	冗余
	附加轴同步	1点	冗余
	模式切换开关输入	1点	冗余
接口	RS422	1端口	内置通信接口,TB(示教单元)专用
	以太网	1端口	内置通信接口,10BASE-T/100BASE-Tx
	USB	1端口	内置通信接口,用于电脑与机器人连接
	附加轴接口	1通道	内置通信接口,用于与附加轴伺服驱动器连接
	采样接口	2通道	内置编码器信号接口,接收来自外部编码器的信号,在视觉追踪等场合经常使用
	选购件插槽	2插槽	连接选购件I/O卡

	项目	说明	备注
电源	输入电压范围	RV-4F 系列： 单相交流 180～253V RV-7F 系列： 三相交流 180～253V 单相交流 207～253V	控制器使用的电压范围
	容量	RV-4F 系列：1.0kV・A RV-7F 系列：2.0kV・A	
	频率	50Hz/60Hz	

第 **2** 章　工业机器人的连接

2.1　控制器各接口的说明

控制器的接口如图 2-1 所示。

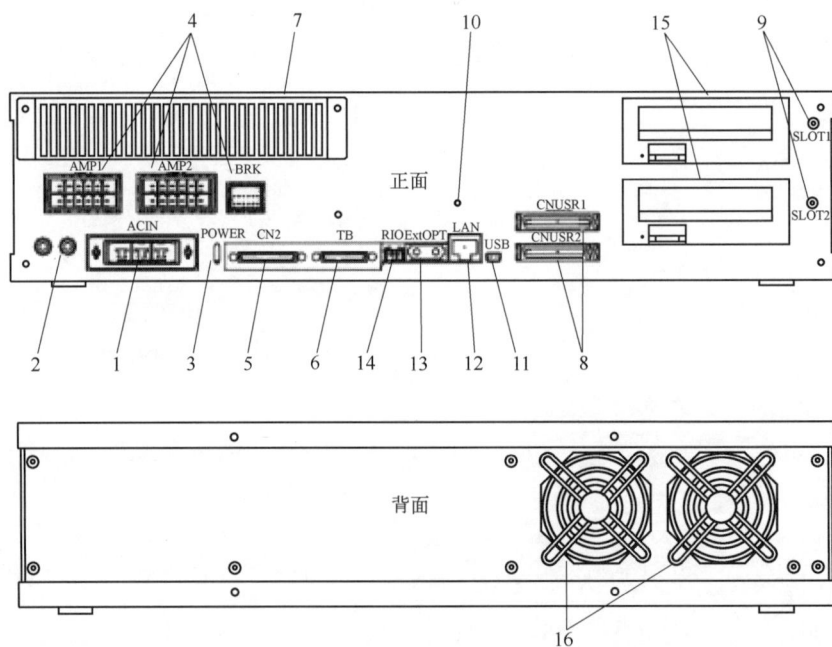

图 2-1　CR751-D 控制器的接口

1—电源（单相，交流 220V）输入接口；2—PE（接地）端子；3—电源 ON /OFF 指示灯；4—AMP1、AMP2
为电机电源接口，BRK 为电机制动器接口；5—电机编码器接口；6—示教单元接口；7—过滤器盖板
（空气过滤器、电池安装两用）；8—机器人专用输入/输出接口（附带插头）；9—接地端子；10—确认拆
卸盖板时的安全（防止触电）指示灯，当机器人伺服 ON 使控制器内的电源基板上积累电能时，
本指示灯亮（红色），关闭控制电源后经过一定时间（几分钟左右）后灯灭；11—USB 接口；12—连接以太
网用接口；13—连接附加轴用接口；14—扩展输入/输出模块用接口；15—选购件卡安装用插槽；16—风扇

2.2　机器人本体与控制器的连接

机器人本体与控制器的连接如图 2-2 所示。

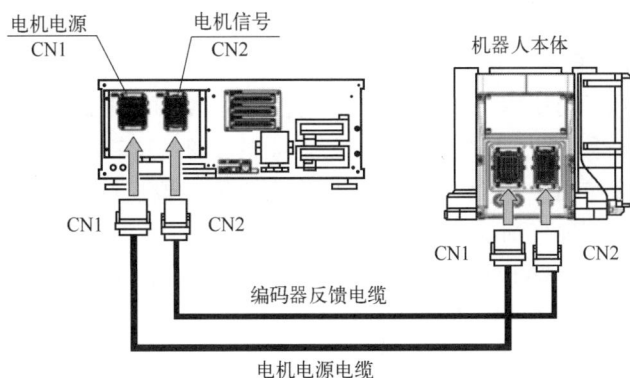

图 2-2　机器人本体与控制器的连接

按以下步骤进行连接。

① 确认控制器的电源开关处于 OFF 状态。

② 将电缆连接到机器人本体侧及控制器侧对应的接口上，按紧相应锁扣。

机器人本体与控制器的连接主要通过两条电缆：电机电源电缆，通过 CN1 连接；编码器反馈电缆，通过 CN2 连接。

2.3　示教单元与控制器的连接

示教单元 TB 的连接应在控制器电源开关处于 OFF 的状态下进行。若在电源开关处于 ON 状态下进行 TB 的连接，则会发生紧急停止报警。在不连接 TB 的状态下使用机器人时，应连接一标配插头。

下面对 TB 的连接方法进行说明。

① 确认机器人控制器的电源开关处于 OFF 状态。

② 将 TB 的电缆插头与控制器的 TB 接口相连，将锁定拨杆向上拨，插入控制器接口直至发出"喀嚓"声（图 2-3、图 2-4）。

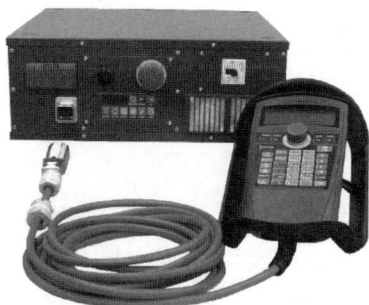

图 2-3　示教单元与控制器的连接（一）

图 2-4　示教单元与控制器的连接（二）

③ 若出现报警 C0150［在首次接通电源时会出现报警 C0150（未设置机器人本体序列号）］，则需要在参数 RBSERIAL 中输入机器人本体的序列号。

2.4 控制器与外围设备的连接

（1）控制器与电源的连接

根据机器人型号不同使用单相 220V 电源或者三相 220V 电源。需要使用一个能够提供三相 220V 的变压器。变压器的容量是电源容量的 1.2～1.5 倍。

注意，不能直接使用三相 380V 电源，否则会立即烧毁控制器。各品牌机器人电源规格可能不同，使用前必须仔细确认。

（2）控制器与触摸屏的连接

通过以太网接口连接。

（3）控制器与电脑的连接

可以通过以太网接口连接，也可以通过 USB 接口连接。实际使用中多通过 USB 接口连接。

2.5 急停及安全信号接线

外部急停开关和门保护开关的接线如图 2-5 所示。这些开关信号都接入 CNUSR1 接口。CNUSR1 接口是控制器标配接口。

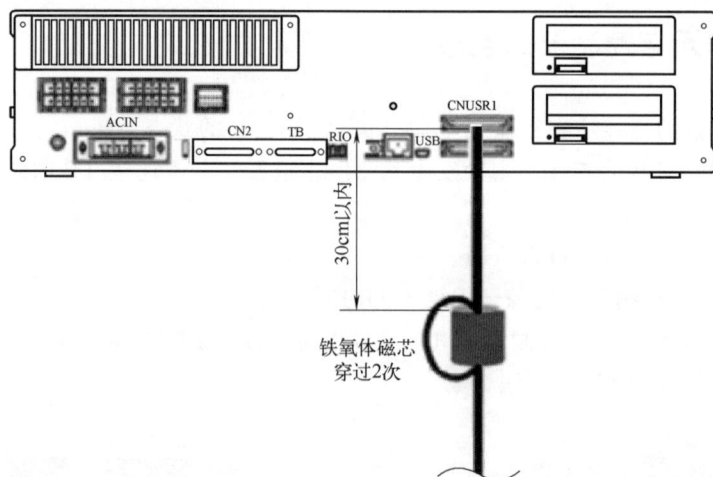

图 2-5　急停及安全信号接线

（1）外部急停开关

急停开关可以安装在生产线的任何必要部位，外部急停开关一般指安装在操作面板上的急停开关。外部急停开关采用 B 接点冗余配置，如图 2-6 所示。冗余配置是指在配线时使用双触点型开关，保证即使在一个触点失效时，另外一个触点也能够切断回路。外部急停开关接线端为 CNUSR1 接口的 2-27 和 7-32 端子。

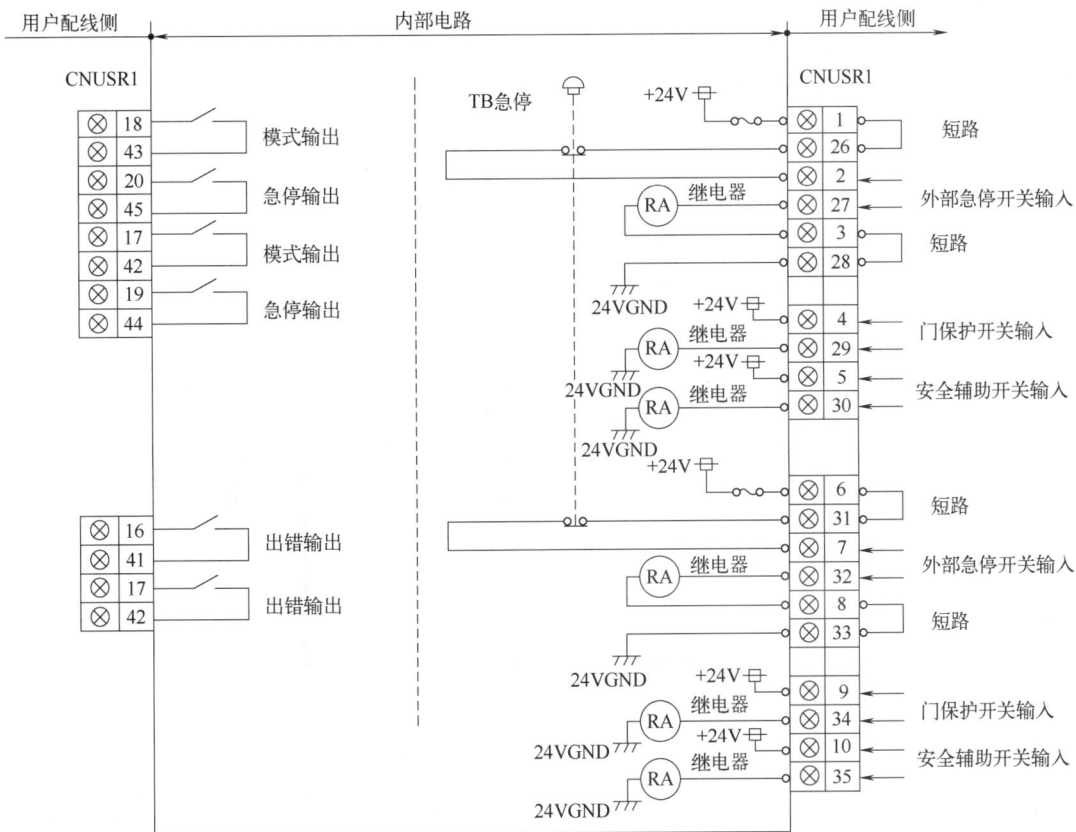

图 2-6 从控制器的 CNUSR1 接口引出插头的线号分布

（2）门保护开关

门保护开关采用 B 接点冗余配置，在正常状态下，其在设备的防护门被打开时使机器人伺服系统＝OFF，机器人停止运行，以免出现伤人事故。门保护开关的接线端为 CNUSR1 接口的 4-29 和 9-34 端子。

门保护开关必须为常闭型。

门打开时：门保护开关＝OFF。

自动运行时：门打开→伺服 OFF→报警。

解除：关门→复位→伺服 ON→启动。

（3）安全辅助开关

安全辅助开关功能是对示教作业进行保护。如果在示教作业中出现异常，按下安全辅助开关，能够使伺服＝OFF，停止机器人运动。安全辅助开关采用 B 接点冗余配置。安全辅助开关的接线端为 CNUSR1 接口的 5-30 和 10-35 端子。

2.6 跳跃信号接线

跳跃信号即 SKIP 信号，SKIP＝ON，则立即停止执行当前程序行，跳到指定的程序行。SKIP 信号的接线端为 CNUSR2 接口的 9-34 端子，其接线如图 2-7 所示。

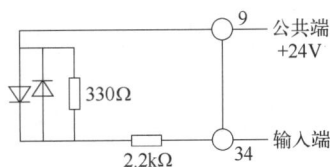

图 2-7 SKIP 信号接线

2.7 模式选择信号接线

机器人的工作模式有自动模式和手动模式。自动模式通过（操作面板上的）外部信号，控制程序启动或停止。要将操作权信号切换为外部信号有效状态。手动模式通过示教单元的 JOG 模式操作机器人动作。

模式选择信号的接线端为 CNUSR1 接口的 49-24 和 50-25 端子，具体见图 2-8 及表 2-1（源型接法，24V 电源由控制器提供）。

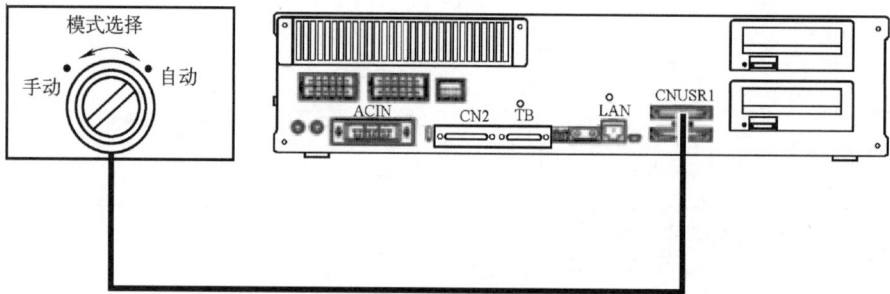

图 2-8　模式选择信号接线

表 2-1　模式选择信号的接线端子

接口：CNUSR1		切换模式	
端子号	功能	手动模式	自动模式
49	1 输入接点	OFF	ON
24	1 输入电源＋24V		
50	2 输入接点	OFF	ON
25	2 输入电源＋24V		

2.8 实用机器人控制系统的构建

一套实用的机器人控制系统的构建如图 2-9 所示。

（1）主回路电源系统

① 在主回路系统中必须特别注意，机器人使用的电源为单相 220V 或三相 220V，不是三相 380V。

② 在主回路中配置：无熔丝断路器；接触器。

③ 在机器人控制器一侧，有专用的电源接口，出厂时配置有专用电缆。如果其长度不够，用户可以加长。

④ 在主回路中接入一控制变压器，为控制器提供 24V 直流电源，可供操作面板和外围 I/O 电路使用。

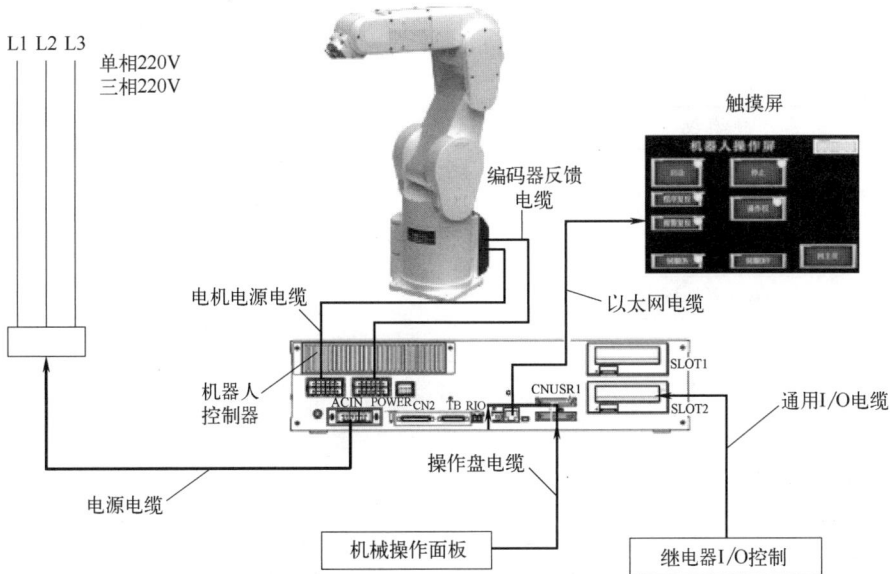

图 2-9 实用机器人控制系统的构建

（2）操作面板

操作面板由用户自制，至少应包括以下按钮。

① 电源 ON。

② 电源 OFF。

③ 急停。

④ 工作模式选择（选择型开关）。

⑤ 伺服 ON。

⑥ 伺服 OFF。

⑦ 操作权。

⑧ 自动启动。

⑨ 自动停止。

⑩ 程序复位。

⑪ 程序号选择（波段选择开关）。

⑫ 程序号确认。

这些信号来自控制器的不同接口，具体见表 2-2。

表 2-2 工作信号及其接口

序号	信号名称	对应接口
1	电源 ON	主回路控制电路
2	电源 OFF	
3	急停	控制器 CNUSR1 接口
4	工作模式选择	

续表

序号	信号名称	对应接口
5	伺服 ON	SLOT1 中 I/O 板 2D-TZ368
6	伺服 OFF	
7	操作权	
8	自动启动	
9	自动停止	
10	程序复位	
11	程序号选择	
12	程序号确认	

在配线时要分清强电、弱电，分清是源型接法还是漏型接法，如果接线错误，会烧毁设备。

（3）外围检测开关和输出信号

SLOT1 中 I/O 板 2D-TZ368 是输入/输出信号接口板。共有输入信号 32 点、输出信号 32 点。可以满足一般项目控制系统的需要。外围检测开关如位置开关和各种显示灯信号全部可以接入 2D-TZ368 接口板中。注意 2D-TZ368 输入/输出都是漏型接法，需要提供外部 24V 直流电源。由于在主回路中有控制变压器，可以使用控制变压器提供的 24V 直流电源。

2.9　机器人系统的接地

接地是一项很重要的工作，接地不良会导致烧毁机器、伤人或由于干扰引起误动作，所以在机器人连接时务必接地。

接地方式有如图 2-10 所示的三种，机器人本体及机器人控制器应尽量采用专用接地［图 2-10（a）］。接地用电缆应使用 AWG ♯11（4.2mm^2）以上的电线。接地点应尽量靠近机器人本体和控制器，以缩短接地用电缆的长度。

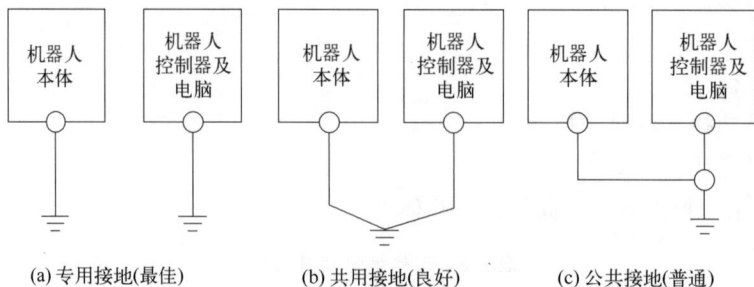

图 2-10　机器人系统的接地

接地线的连接如图 2-11 所示。接地方法如下。

① 准备接地用电缆及机器人侧的安装螺栓和垫圈。注意不要随意使用截面积不够的电缆，否则会对机器人系统造成损害。

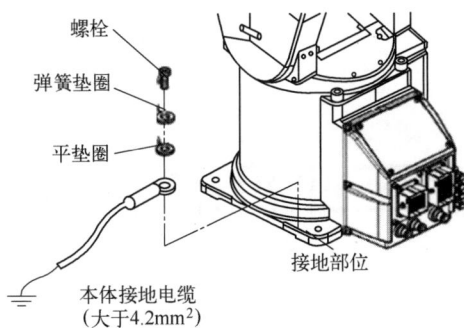

图 2-11　接地线的连接

② 接地部位有锈或漆的情况下，应用锉刀等去除，否则会引起接地不良，无法消除干扰信号甚至损坏机器。

③ 将接地用电缆通过螺栓连接到接地部位。

第3章 使工业机器人动起来

3.1 示教单元及其各按键的作用

示教单元也称手持操作单元（简称手持单元），用于操作机器人确认各位置点。示教单元有许多功能，正确使用可以起到事半功倍的效果。现以三菱机器人示教单元 R32-TB 为例进行相关说明（图 3-1）。

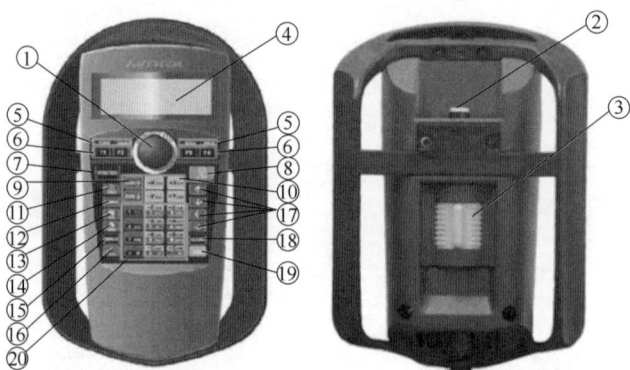

图 3-1 示教单元 R32-TB

① [EMG. STOP] 急停开关：在任何状态下（手动或自动），按下本开关，都可使机器人进入急停状态（伺服＝OFF），停止一切运动。这是应对危险状态、紧急状态的最重要的开关。

② [TB ENABLE] 使能开关：本开关用于切换示教单元上各按键的有效/无效状态，是重要且常用的开关，按下本开关，[ENABLE] 灯亮，表示 [TB ENABLE]＝ON，示教单元操作有效。同时，示教单元操作有优先权，其他外部设备无法操作机器人。

③ 使能开关（三位置使能开关）：在手动模式下，将本开关拉到中间位置，即可使伺服＝ON，而本开关在自由位置和拉到底位置，均处于伺服＝OFF 状态，这是对示教单元进行多重保护的一个开关。

④ 显示屏：用于显示相关的数据。

⑤ 状态灯：[POWER] 电源状态灯，电源 ON，[POWER]=绿灯；[ENABLE] 使能状态灯，示教单元有效，[ENABLE]=绿灯；[SERVO] 伺服系统状态灯，伺服系统 ON，[SERVO]=绿灯；[ERROR] 报警状态灯，机器人出现报警，[ERROR]=红灯。

⑥ [F1][F2][F3][F4] 功能键：用于选择显示屏上对应位置的功能。

⑦ [FUNCTION] 功能键：用于切换显示屏上的功能菜单。显示屏最下部一次只能显示四种功能，如果显示界面的功能多于四个，使用 [FUNCTION] 功能键进行切换。

⑧ [STOP] 键：用于停止正在运行的程序，使运动中的机器人减速停止。

⑨ [OVRD ↑][OVRD ↓] 速度倍率增减按键：用于改变速度倍率。

⑩ [JOG] 操作键：用于 JOG 运行时指令各轴的运动(+X、-X、+Y、-Y 等)。

⑪ [SERVO]键：用于设置伺服系统 ON/OFF，注意在三位置使能开关为 ON 时才有效。

⑫ [MONITOR]键：监视模式选择键，[MONITOR]=ON，示教单元进入监视模式，可监视机器人的运动状态。

⑬ [JOG]键：[JOG]=ON，机器人系统进入 JOG 状态，可以进行各种 JOG 操作。这是最常用的一个按键。

⑭ [HAND]抓手模式选择键。

⑮ [CHARACTER]数字/文字切换键：用于切换输入时是数字还是文字。

⑯ [RESET]复位键：用于解除报警状态。

⑰ 光标键。

⑱ [CLEAR] 删除键：删除光标所在位置的内容。

⑲ [EXE]执行键：对输入的内容进行确认。连续按[EXE]键，机器人会动作。[RESET]+[EXE] 键可执行程序复位。

⑳ [数字/文字] 键：用于输入数字或文字。

视频4
示教单元的功能及使用

3.2　如何使机器人动起来?

使机器人动起来的步骤如下。

① 将机器人本体与控制器正常连接（参见 2.2 节）。

② 将示教单元与控制器连接（参见 2.3 节）。

③ 暂时不连接其他输入/输出信号和操作面板。

④ 检查完毕确认安全后上电。

⑤ 将 [TB ENABLE] 开关按下，确认 [ENABLE] 灯亮。这时示教单元为有效状态。

⑥ 将三位置使能开关轻拉至中间位置并保持在该位置。

⑦ 按下 [SERVO] 键，等待 [SERVO] 绿灯亮。稍后可听见"滴"的一声，表示

机器人伺服系统＝ON。

    ⑧ 选择速度倍率＝10％。

    ⑨ 观察机器人本体的位置，确保机器人动作范围内无人、无障碍物。

    ⑩ 按下［JOG］键，选择 JOG 模式。此时，必须注意安全动作。

    ⑪ 以 JOG（点动）方式，逐一按下 J1～J6 轴各相应按键，观察机器人的动作。

如果机器人能够正常运行，就达到了第一阶段的目的。

视频5
上电"三步曲"及各轴的操纵

3.3　学习操作各种 JOG 模式

3.3.1　关节型 JOG

    关节型 JOG 的动作如图 3-2 所示。以关节轴为对象，以角度为单位实行的点动操作就是关节型 JOG。可以对 J1～J6 轴分别执行 JOG 操作。

    （1）J1 轴的 JOG 动作

    如图 3-3 所示：按压［＋X(J1)］键时 J1 轴正向旋转；按压［－X(J1)］键时 J1 轴负向旋转。

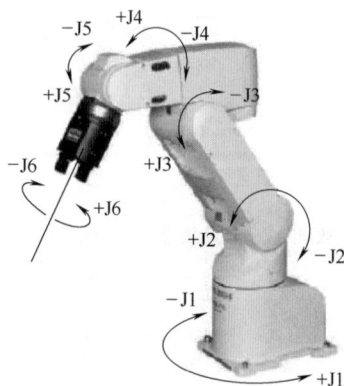

图 3-2　关节型 JOG 的动作

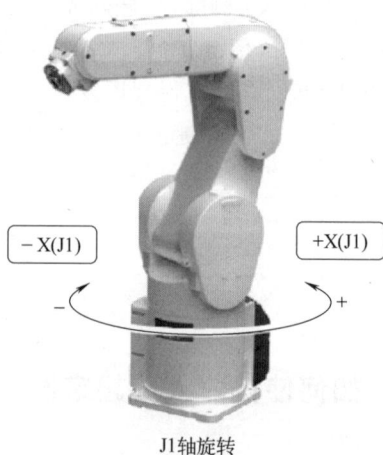

图 3-3　J1 轴的 JOG 动作

    （2）J2 轴的 JOG 动作

    如图 3-4 所示：按压［＋Y(J2)］键时 J2 轴正向旋转；按压［－Y(J2)］键时 J2 轴负向旋转。

    （3）J3 轴的 JOG 动作

    如图 3-5 所示：按压［＋Z(J3)］键时 J3 轴正向旋转；按压［－Z(J3)］键时 J3 轴负向旋转。

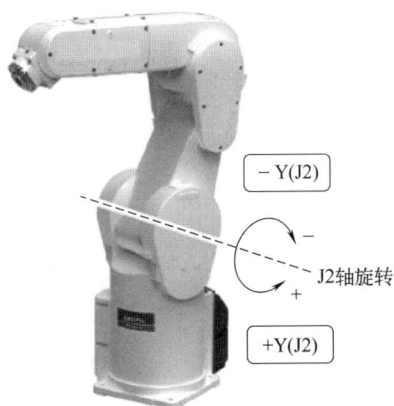

图 3-4　J2 轴的 JOG 动作

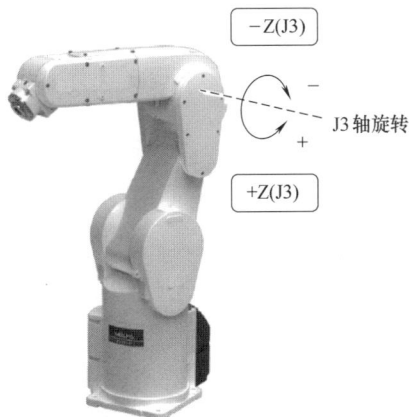

图 3-5　J3 轴的 JOG 动作

（4）J4～J6 轴的 JOG 动作

如图 3-6 所示：按压［＋A(J4)］键时 J4 轴正向旋转；按压［－A(J4)］键时 J4 轴负向旋转；按压［＋B(J5)］键时 J5 轴正向旋转；按压［－B(J5)］键时 J5 轴负向旋转；按压［＋C(J6)］键时 J6 轴正向旋转；按压［－C(J6)］键时 J6 轴负向旋转。

（5）操作步骤

① 将［TB ENABLE］开关按下，确认［ENABLE］灯亮，这时示教单元为有效状态。

② 将三位置使能开关轻拉至中间位置并保持在该位置。

③ 按下［SERVO］键，等待［SER-VO］绿灯亮。稍后可听见"滴"的一声，表示机器人伺服系统＝ON。

④ 按下［JOG］键，选择 JOG 模式。

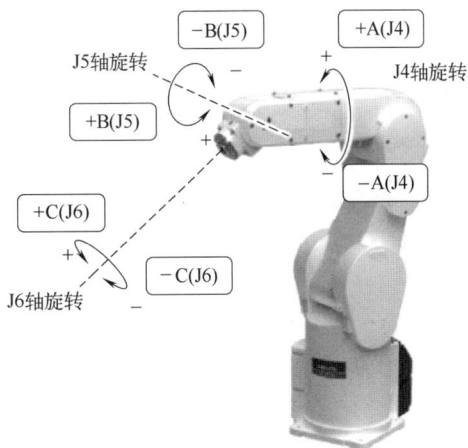

图 3-6　J4～J6 轴的 JOG 动作

⑤ 根据显示屏上最下排的显示，按下［F1］～［F4］键，选择"关节"。

3.3.2　直交型 JOG

（1）直交型 JOG 动作

在直交型 JOG 中，以图 3-7 所示的坐标系为基准，即以世界坐标系为基准，机器人控制点在 X、Y、Z 方向上以 mm 为单位移动。而 A、B、C 轴的运动则是旋转运动，以角度为单位。在旋转时，机器人控制点位置不变，抓手的方位改变。

（2）操作步骤

① 将［TB ENABLE］开关按下，确认［ENABLE］

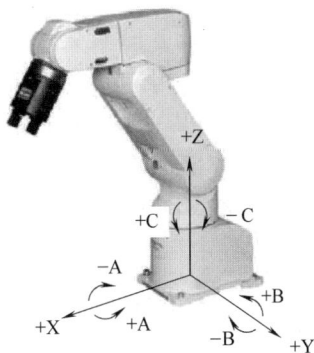

图 3-7　直交型 JOG 的动作

灯亮，这时示教单元为有效状态。

② 将三位置使能开关轻拉至中间位置并保持在该位置。

③ 按下 [SERVO] 键，等待 [SERVO] 绿灯亮。稍后可听见"滴"的一声，表示机器人伺服系统＝ON。

④ 按下 [JOG] 键，选择 JOG 模式。

⑤ 根据显示屏上最下排的显示，使用 [F1]～[F4] 键，选择"直交"。

⑥ 以 JOG（点动）方式，逐一按下 X、Y、Z 轴各相应按键，观察机器人的动作。

这种工作模式为：控制点在直角坐标系内沿 X、Y、Z 方向移动，机械法兰面的方位不变，如图 3-8 所示。

⑦ 以 JOG（点动）方式，逐一按下 A、B、C 轴各相应按键，观察机器人的动作。

这种工作模式为：控制点在直角坐标系内的位置不变，而各轴的形位发生改变，分别绕 X、Y、Z 轴旋转，如图 3-9 所示。这是机器人多轴联动的运行结果，使用时要注意。

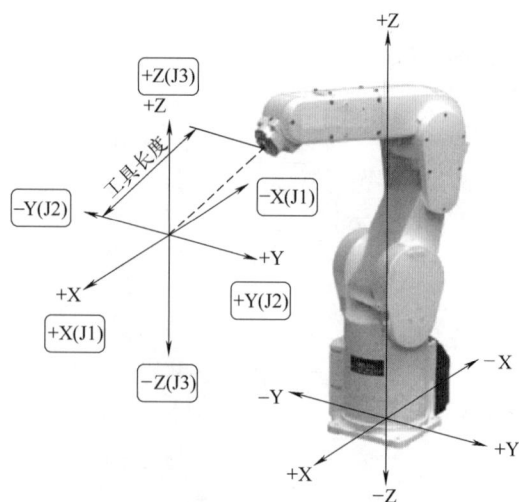

图 3-8　控制点在直角坐标系内沿 X、Y、Z 方向移动　　图 3-9　控制点位置不变，各轴形位改变

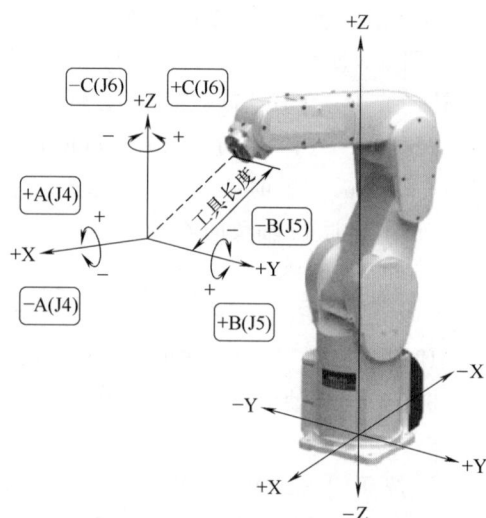

3.3.3　TOOL 型 JOG

（1）TOOL 型 JOG 动作

TOOL 型 JOG 就是以工具坐标系为基准进行的 JOG 运行。如图 3-10 所示，TOOL 型 JOG 以工具坐标系为基准，沿工具坐标系的 X、Y、Z 轴方向做直线运动，单位为 mm；在 A、B、C 轴方向做旋转运动，以角度为单位。

TOOL 型 JOG 与直交型 JOG 的不同只是依据的坐标系不同，使用时要预先设置 MEXTL 参数，亦即预先设置工具坐标系。

（2）操作步骤

① 将 [TB ENABLE] 开关按下，确认 [ENABLE] 灯亮，这时示教单元为有效状态。

② 将三位置使能开关轻拉至中间位置并保持在该位置。

③ 按下 [SERVO] 键。等待 [SERVO] 绿灯亮。稍后可听见"滴"的一声，表示

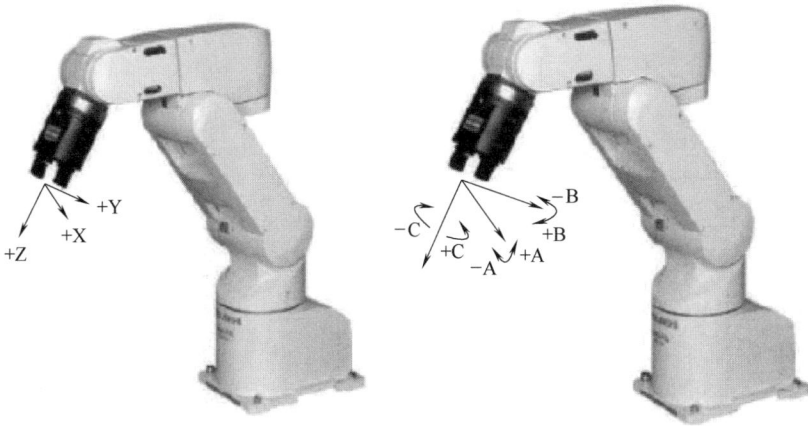

图 3-10 TOOL 型 JOG 动作

机器人伺服系统＝ON。

④ 按下［JOG］键，选择 JOG 模式。

⑤ 根据显示屏上最下排的显示，使用［F1］～［F4］键，选择"TOOL"。

⑥ 以 JOG（点动）方式，逐一按下 X、Y、Z 轴各相应按键，观察机器人的动作。

这种工作模式为：控制点在工具坐标系内沿 X、Y、Z 方向移动，机械法兰面的方位不变，如图 3-11 所示。

⑦ 以 JOG（点动）方式，逐一按下 A、B、C 轴各相应按键，观察机器人的动作。

这种工作模式为：控制点在工具坐标系内绕 X、Y、Z 轴旋转，控制点的位置不变，如图 3-12 所示。

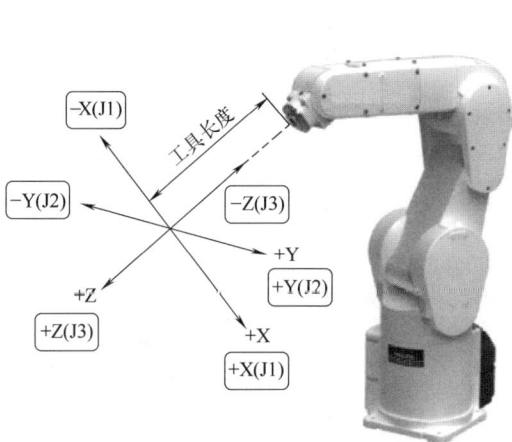

图 3-11 控制点沿工具坐标系的 X、Y、Z 方向移动

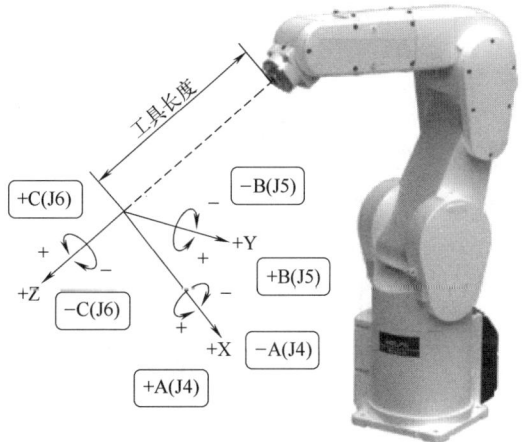

图 3-12 控制点绕工具坐标系的 X、Y、Z 轴旋转

3.3.4 三轴直交型 JOG

（1）三轴直交型 JOG 动作

三轴直交型 JOG 的动作是在 X、Y、Z 方向上以世界坐标系为基准移动，单位是 mm。A、B、C 轴的运动则是对应 J4、J5、J6 轴的旋转，以角度为单位（这是与直交型 JOG 的不同之处）。如图 3-13 所示，这种方式综合了两种坐标系的优势。

（2）操作步骤

① 将［TB ENABLE］开关按下，确认［ENABLE］灯亮，这时示教单元为有效状态。

② 将三位置使能开关轻拉至中间位置并保持在该位置；

③ 按下［SERVO］键，等待［SERVO］绿灯亮。稍后可听见"滴"的一声，表示机器人伺服系统＝ON。

④ 按下［JOG］键，选择 JOG 模式。

⑤ 根据显示屏上最下排的显示，按下［F1］～［F4］键，选择"三轴直交"。

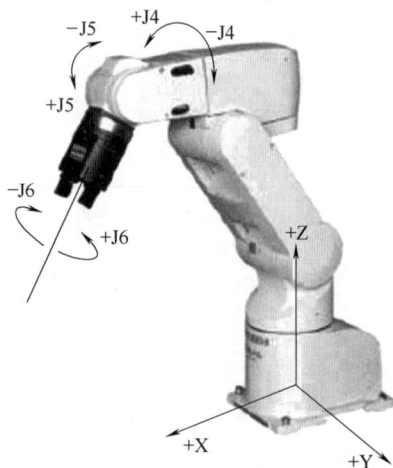

图 3-13　三轴直交型 JOG 动作

⑥ 以 JOG（点动）方式，逐一按下 X、Y、Z 轴各相应按键，观察机器人的动作。

这种工作模式为：控制点在直角坐标系内沿 X、Y、Z 方向移动，机械法兰面的方位不变，如图 3-14 所示。

⑦ 以 JOG（点动）方式，逐一按下 A、B、C 轴各相应按键，观察机器人的动作。

这种工作模式为：A、B、C 轴对应的是关节轴 J4、J5、J6 轴，逐一按下 A、B、C 轴各相应按键，J4、J5、J6 各关节轴旋转，如图 3-15 所示。

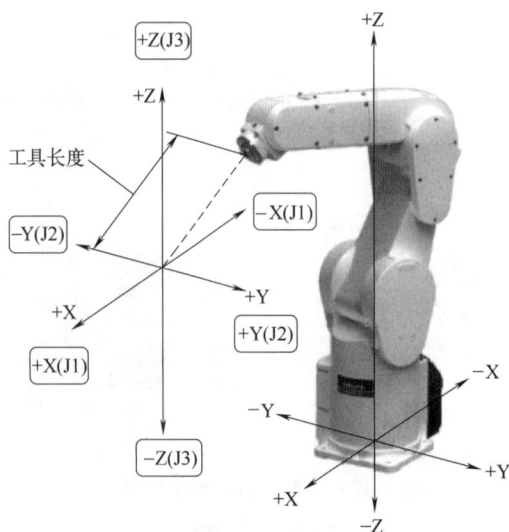

图 3-14　控制点沿直角坐标系 X、Y、Z 方向移动

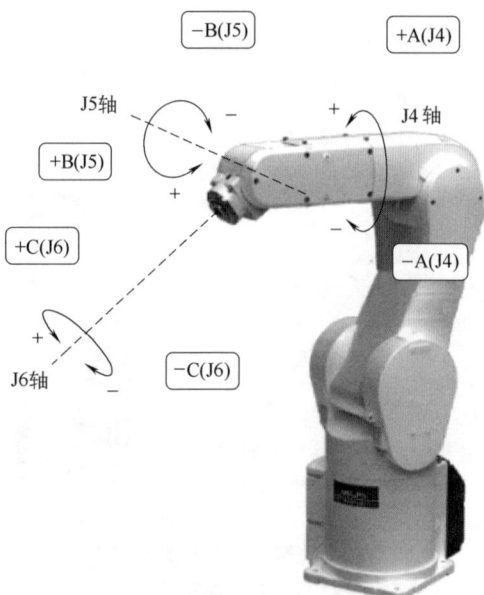

图 3-15　J4、J5、J6 关节轴旋转

3.3.5　圆筒型 JOG

（1）圆筒型 JOG 动作

圆筒型 JOG 动作如图 3-16 所示。

（2）操作步骤

① 将［TB ENABLE］开关按下，确认［ENABLE］灯亮，这时示教单元为有效状态。

② 将三位置使能开关轻拉至中间位置并保持在该位置。

③ 按下［SERVO］键，等待［SERVO］绿灯亮。稍后可听见"滴"的一声，表示机器人伺服系统＝ON。

④ 按下［JOG］键，选择 JOG 模式。

⑤ 根据显示屏上最下排的显示，使用［F1］～［F4］键，选择"圆筒 JOG"。

⑥ 以 JOG（点动）方式，逐一按下 X、Y、Z 轴各相应按键，观察机器人的动作。

这种工作模式为：控制点在圆筒坐标系内沿 X、Y、Z 方向在一个圆筒面上移动，机械法兰面的方位不变，如图 3-17 所示。

图 3-16　圆筒型 JOG 动作

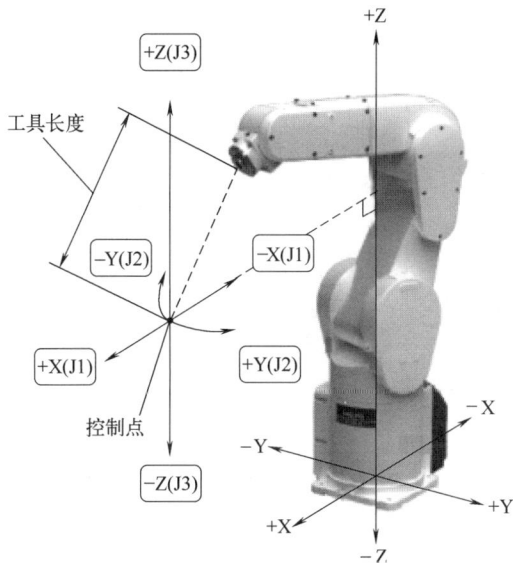

⑦ 以 JOG（点动）方式，逐一按下 A、B、C 轴各相应按键，观察机器人的动作。

这种工作模式为：控制点的位置不变，在圆筒坐标系内绕 X、Y、Z 轴旋转，如图 3-18 所示。

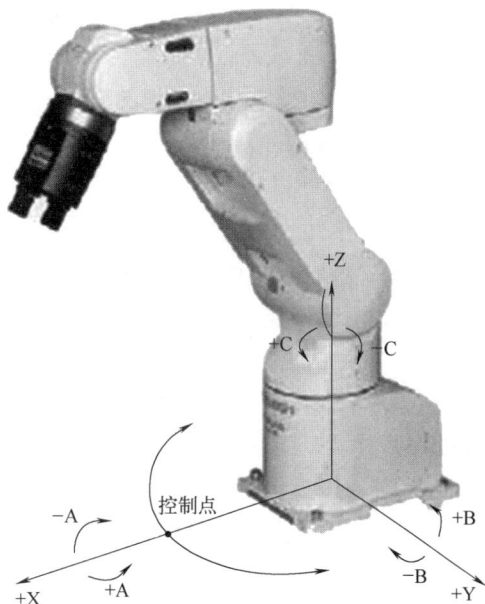

图 3-17　控制点沿圆筒坐标系 X、Y、Z
方向在圆筒面上移动

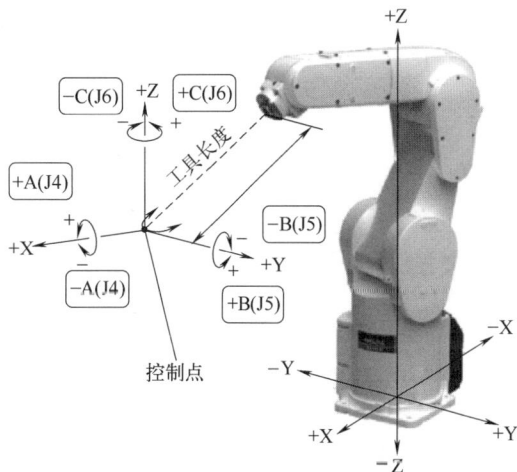

图 3-18　控制点绕圆筒坐标系
X、Y、Z 轴旋转

3.3.6　工件型 JOG

（1）工件型 JOG 动作

工件型 JOG 就是以工件坐标系为基准进行的点动操作。以工件的基准点建立的坐标系就是工件坐标系。工件型 JOG 与直交型 JOG 动作相同，只是坐标系位置不同，控制点在 X、Y、Z 方向上以 mm 为单位移动，而 A、B、C 轴的运动则是旋转运动，以角度为单位（图 3-19）。

（2）操作步骤

① 将［TB ENABLE］开关按下，确认［ENABLE］灯亮，这时示教单元为有效状态。

② 将三位置使能开关轻拉至中间位置并保持在该位置。

③ 按下［SERVO］键，等待［SERVO］绿灯亮。稍后可听见"滴"的一声，表示机器人伺服系统＝ON。

图 3-19　工件型 JOG 动作

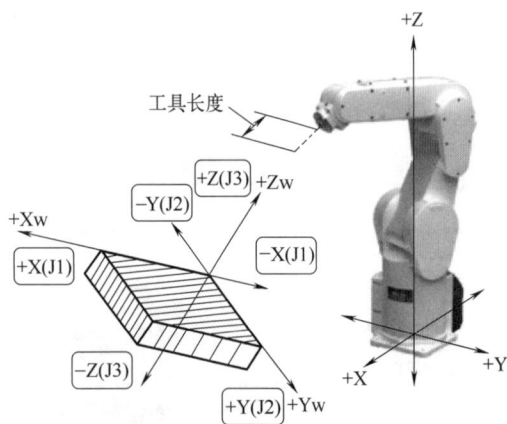

④ 按下［JOG］键，选择 JOG 模式。

⑤ 根据显示屏上最下排的显示，使用［F1］～［F4］键，选择"工件 JOG"。

⑥ 以 JOG（点动）方式，逐一按下 X、Y、Z 轴各相应按键，观察机器人的动作。

这种工作模式为：控制点在工件坐标系内沿 X、Y、Z 方向移动，机械法兰面的方位不变，如图 3-20 所示。

⑦ 以 JOG（点动）方式，逐一按下 A、B、C 轴各相应按键，观察机器人的动作。

这种工作模式为：控制点位置不变，A、B、C 轴的运动是在工件坐标系内绕 X、Y、Z 轴旋转，如图 3-21 所示。

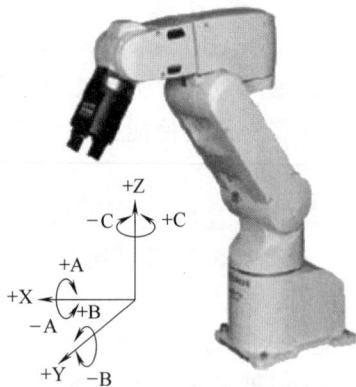

图 3-20　工件型 JOG 中机械法兰面的方位不变的运动

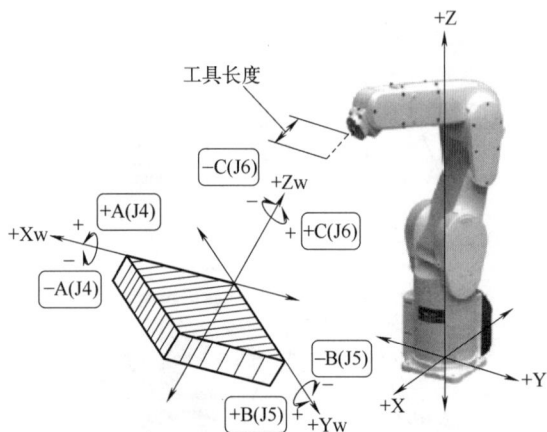

图 3-21　工件型 JOG 中控制点位置不变的运动

视频6
示教单元执行坐标系选择及JOG操作

第 **4** 章　认识机器人的坐标系

由于机器人结构的特殊性，其所使用的坐标系比一般工作机械要复杂，使用不同的坐标系的目的是使机器人的运动编程更简单一些。

4.1　基本坐标系

基本坐标系是以机器人安装基面为基准的坐标系，如图 4-1 所示。基本坐标系是机器人第一基准坐标系。

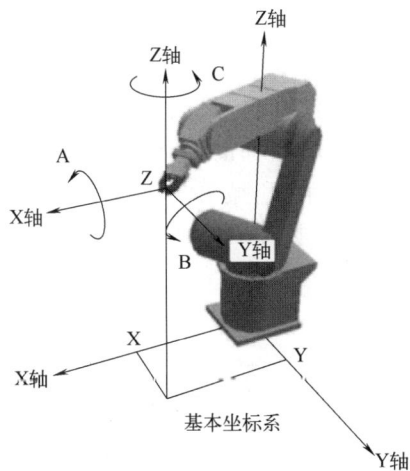

图 4-1　基本坐标系

当机器人的安装位置确定后，基本坐标系就确定了。基本坐标系是机器人诸多坐标系的基准。

4.2　世界坐标系

世界坐标系是机器人系统默认使用的坐标系，是表示机器人（控制点）位置的当前坐标系。所有表示位置点的数据都是以世界坐标系为基准的。世界坐标系是以机器人的基本坐标系为基准设置的。如图 4-2 所示，Xw-Yw-Zw 是世界坐标系，Xb-Yb-Zb 是基本坐标系。

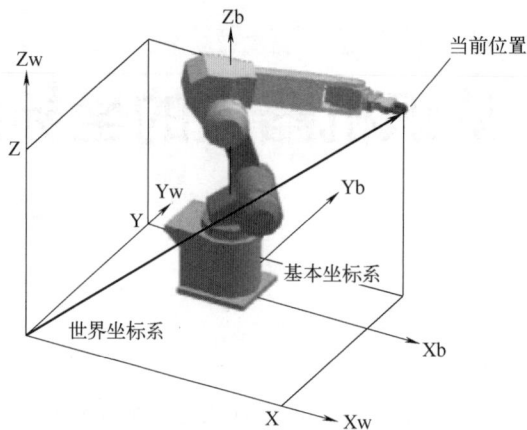

图 4-2　世界坐标系与基本坐标系之间的关系

4.3　机械 IF 坐标系

机械 IF 坐标系即机械法兰坐标系。以机器人最前端法兰面为基准确定的坐标系称为机械 IF 坐标系，以 Xm-Ym-Zm 表示，如图 4-3 所示。与法兰面垂直的轴为 Zm 轴，Zm 轴正向朝外，Xm 轴和 Ym 轴在法兰面上，法兰面中心与定位销孔的连接线为 Xm 轴。

由于在机械法兰面上要安装抓手，所以机械法兰面就有特殊意义。注意，机械法兰面转动，机械 IF 坐标系也随之转动。法兰面的转动受 J4 轴和 J6 轴的影响，特别是 J6 轴的旋转带动了法兰面的旋转，也就带动了机械 IF 坐标系的旋转，如果以机械 IF 坐标系为基准执行定位，就会受很大影响，参见图 4-4 和图 4-5，其中图 4-5 是 J6 轴逆时针旋转了的坐标系。

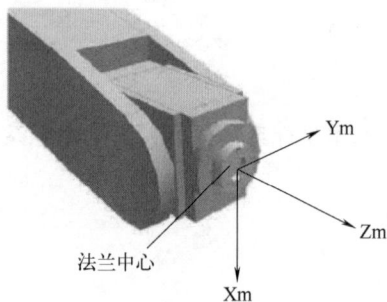

图 4-3　机械 IF 坐标系的定义

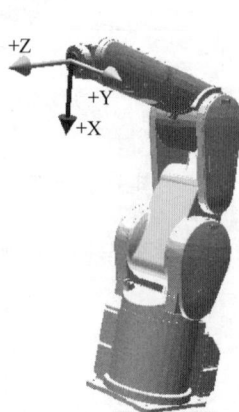

图 4-4　机械 IF 坐标系的示意

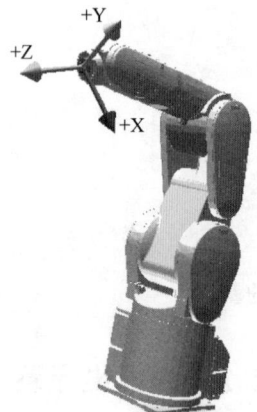

图 4-5　J6 轴逆时针旋转了的机械 IF 坐标系

视频7
机器人的坐标系有哪几种？

4.4　TOOL 坐标系

（1）定义及设置

① 定义　实际使用的机器人都要安装抓手等工具，因此机器人的实际控制点就移动到工具的中心点，为了控制方便，以工具的中心点为基准建立的坐标系就是 TOOL（工具）坐标系。

② 设置　因抓手直接安装在机械法兰面上，故 TOOL 坐标系是以机械 IF 坐标系为基准建立的。

TOOL 坐标系与机械 IF 坐标系的关系如图 4-6 所示。TOOL 坐标系用 Xt-Yt-Zt 表示。在 TOOL 坐标系的原点数据中，X、Y、Z 给出了 TOOL 坐标系原点在机械 IF 坐标系内的直交位置点，A、B、C 给出了 TOOL 坐标系绕机械 IF 坐标系 Xm、Ym、Zm 轴的旋转角度。

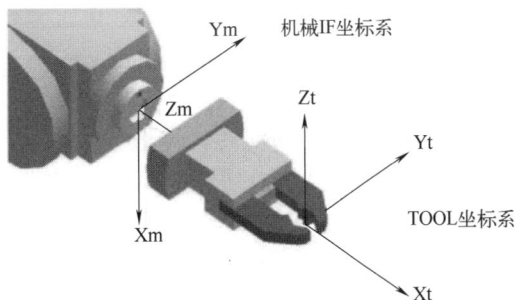

图 4-6　TOOL 坐标系与机械 IF 坐标系的关系

（2）动作比较

① JOG 或示教动作

a. X 方向动作

ⅰ . 使用机械 IF 坐标系：未设置 TOOL 坐标系时，使用机械 IF 坐标系，以法兰面中心点为控制点，在 X 方向移动，如图 4-7（a）所示。

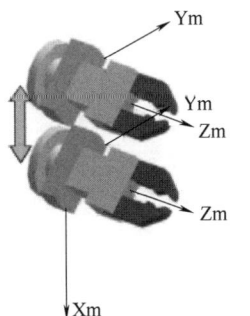

沿机械IF坐标系的Xm轴运动

(a) 使用机械IF坐标系

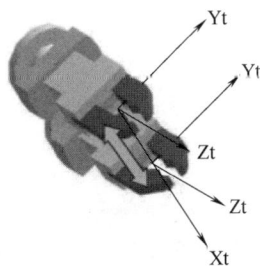

沿TOOL坐标系的Xt轴运动

(b) 使用TOOL坐标系

图 4-7　X 方向动作

ⅱ . 使用 TOOL 坐标系：设置了 TOOL 坐标系后，在 X 方向移动时，是沿着 TOOL 坐标系的 Xt 方向动作，如图 4-7（b）所示。这样，就可以平行于或垂直于抓手面动作，使 JOG 动作更简单易行。

b. A 方向动作

ⅰ. 使用机械 IF 坐标系：未设置 TOOL 坐标系时，使用机械 IF 坐标系，绕 Xm 轴旋转，抓手前端大幅度摆动，如图 4-8（a）所示。

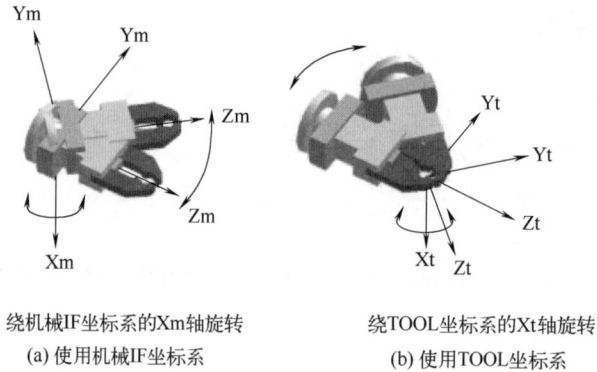

绕机械IF坐标系的Xm轴旋转
(a) 使用机械IF坐标系

绕TOOL坐标系的Xt轴旋转
(b) 使用TOOL坐标系

图 4-8　A 方向动作

ⅱ. 使用 TOOL 坐标系：设置 TOOL 坐标系后，绕 Xt 轴旋转，抓手前端绕工件旋转，在不偏离工件位置的情况下，改变机器人形位，如图 4-8（b）所示。

② 自动运行

a. 近点运行　在程序自动运行时，TOOL 坐标系的原点为机器人控制点。在程序中规定的位置点是以世界坐标系为基准的。

样例

```
1  Mov P1,50
```

Mov（指令字母也可以全部大写）指令的动作是，将机器人控制点移动到 P1 点的近点，如图 4-9 所示。

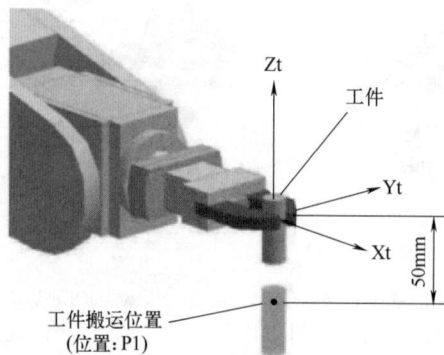

工件搬运位置
（位置：P1）

图 4-9　在 TOOL 坐标系中的近点运行

b. 相位旋转　绕工件位置点的 Z 轴（Zt 轴）旋转，可以使工件旋转一个角度。

样例

```
1  Mov P1*(0,0,0,0,0,45)'
```

其动作是在 P1 点绕 Z 轴旋转 45°，如图 4-10 所示。注意，使用的是两点的乘法指令（参见 7.5.1 小节）。

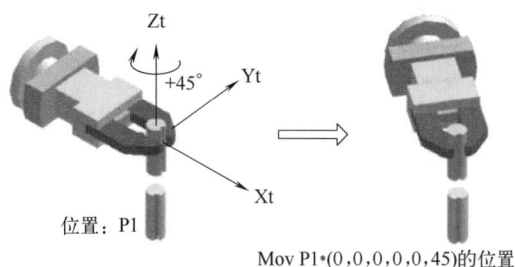

图 4-10　在 TOOL 坐标系中的相位旋转

视频8
什么是工具坐标系?

4.5　工件坐标系

在实际加工中，工件的图纸是绘制完毕的，如果要走出工件的轨迹，当然以工件尺寸直接编程最为简捷。这就需要一个以工件原点为基准的坐标系，即工件坐标系，如图 4-11 所示。

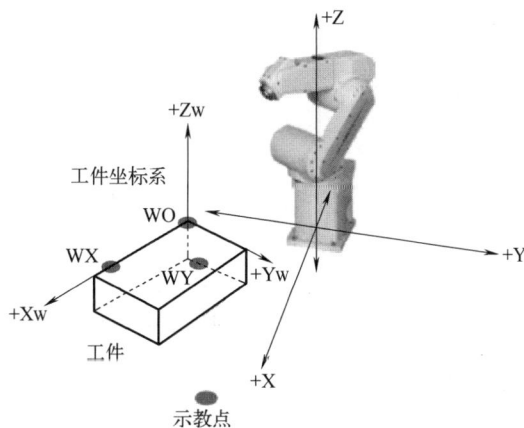

图 4-11　工件坐标系

（1）参数设置法

表 4-1 列出了工件坐标系相关参数，可在软件上进行具体设置。在机器人系统中，可以通过参数预先设置 8 个工件坐标系。

表 4-1　设置工件坐标系的相关参数

参数符号	参数名称
WKnCORD n＝1～8	工件坐标系
WKnWO	工件坐标系原点
WKnWX	工件坐标系 X 轴位置点
WKnWY	工件坐标系 Y 轴位置点

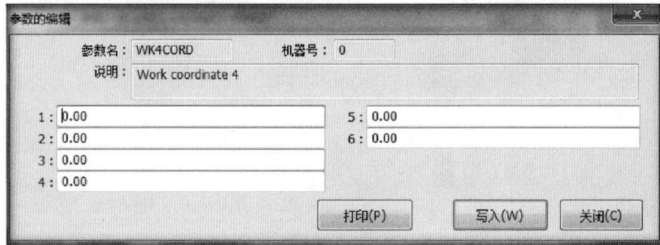

（2）指令设置法

设置世界坐标系的偏置坐标。偏置坐标是以世界坐标系为基准观察到的基本坐标系原点在世界坐标系内的坐标。由于基本坐标系是不变的，通过设置不同的偏置坐标，就建立了一个个新的世界坐标系，这些世界坐标系就可以视为不同的工件坐标系。

样例

```
1 Base(50,100,0,0,0,90)'  设置一个新的世界坐标系(图 4-12)
2 Mvs P1'  前进到 P1 点
3 Base  P2'  以 P2 点为偏置量,设置一个新的世界坐标系
4 Mvs P1'  前进到 P1 点
5 Base 0'  设置世界坐标系与基本坐标系相同(回初始状态)
```

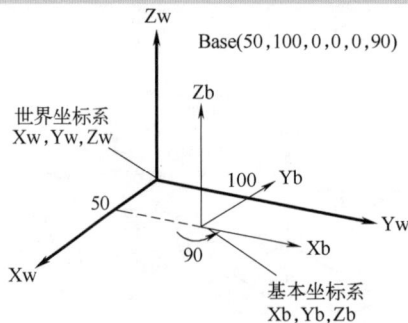

图 4-12　使用 Base 指令设置新的世界坐标系

（3）以工件坐标系号选择新世界坐标系

样例

```
1 Base 1'  选择 1# 工件坐标系 WK1CORD
2 Mvs P1'  运动到 P1 点
3 Base 2'  选择 2# 工件坐标系 WK2CORD
4 Mvs P1'  运动到 P1 点
5 Base 0'  选择基本坐标系
```

第 **5** 章　认识和使用机器人系统的专用输入/输出信号

在机器人控制器中，为了方便用外部信号对机器人进行控制，预先配置了很多输入/输出功能。输入信号有"启动""停止"等，输出信号有"转矩到达""发生碰撞"等。在机器人使用前，需要将这些功能分配到外部 I/O 卡的各输入/输出端子（通过参数设置）。在未进行设置前，外部 I/O 卡的各输入/输出端子是没有功能的（空白的）。输入/输出信号是每一套机器人系统都必须使用的信号，是每一套机器人系统的基本设置，本章将详细介绍输入/输出信号的功能及设置。

输入/输出信号有专用和通用之分：专用输入/输出信号是机器人系统内置的输入/输出信号，这类信号功能已由系统内部规定且必须由参数设置——具体分配到某个外部输入/输出端子，是使用最多的信号；通用输入/输出信号如"工件到位""定位完成"，由设计者自行定义，只与工程要求相关。

5.1　专用输入/输出信号一览表

在机器人系统中，专用输入与输出（某一功能）的参数形式是一样的，即同一参数形式可能表示输入也可能表示输出，开始阅读指令手册时会感到困惑，本节将输入与输出信号单独列出（表 5-1、表 5-2），便于读者阅读和使用。输入信号是使某一功能起作用，输出信号是表示某一功能已经起作用。专用输出信号大多是表示机器人系统的工作状态。

表 5-1　专用输入信号一览表

序号	名称	参数	出厂设定端子号
1	操作权	IOENA	*
2	启动	START	*
3	停止	STOP	0(固定不变)
4	停止 2	STOP2	*
5	程序复位	SLOTINIT	*
6	报警复位	ERRRESET	*
7	伺服 ON	SRVON	*
8	伺服 OFF	SRVOFF	*

续表

序号	名称	参数	出厂设定端子号
9	自动模式使能	AUTOENA	*
10	停止循环运行	CYCLE	*
11	机械锁定	MELOCK	*
12	回待避点	SAFEPOS	*
13	通用输出信号复位	OUTRESET	*
14	第 n 任务区内程序启动	SnSTART	*
15	第 n 任务区内程序停止	SnSTOP	*
16	第 n 台机器人伺服电源 OFF	SnSRVOFF	*
17	第 n 台机器人伺服电源 ON	SnSRVON	*
18	第 n 台机器人机械锁定	SnMELOCK	*
19	选定程序生效	PRGSEL	*
20	选定速度比例生效	OVRESEL	*
21	数据输入	IODATA	*
22	程序号输出请求	PRGOUT	*
23	程序行号输出请求	LINEOUT	*
24	速度比例输出请求	OVRDOUT	*
25	报警号输出请求	ERROUT	*
26	JOG 使能信号	JOGENA	*
27	用数据设置 JOG 运行模式	JOGM	*
28	JOG＋	JOG＋	*
29	JOG－	JOG－	*
30	工件坐标系编号	JOGWKND	*
31	JOG 报警暂时无效	JOGNER	*
32	是否允许外部信号控制抓手	HANDENA	*
33	控制抓手的输入信号范围	HANDOUT	*
34	第 n 台机器人的抓手报警	HNDERRn	*
35	第 n 台机器人的气压报警	AIRERRn	*
36	第 n 台机器人预热运行模式有效	MnWUPENA	*
37	指定需要输出位置数据的任务区号	PSSLOT	*
38	位置数据类型	PSTYPE	*
39	指定用一组数据表示位置变量号	PSNUM	*
40	输出位置数据指令	PSOUT	*
41	输出控制柜温度	TMPOUT	*

注：＊表示可由用户自行设置输入端子号。

表 5-2 专用输出信号一览表

序号	名称	参数	出厂设定端子号
1	控制器电源 ON	RCREADY	*
2	远程模式	ATEXTMD	*
3	示教模式	TEACHMD	*
4	自动模式	ATTOPMD	*
5	外部信号操作权有效	IOENA	3
6	程序已启动	START	*
7	程序停止	STOP	*
8	程序停止	STOP2	*
9	STOP 信号输入	STOPSTS	*
10	任务区中的程序可选择状态	SLOTINIT	*
11	报警发生中	ERRRESET	*
12	伺服 ON	SRVON	1
13	伺服 OFF	SRVOFF	*
14	可自动运行	AUTOENA	*
15	循环停止信号	CYCLE	*
16	机械锁定状态	MELOCK	*
17	回归待避点状态	SAFEPOS	*
18	电池电压过低	BATERR	*
19	严重级报警	HLVLERR	*
20	轻微级故障报警	LLVLERR	*
21	警告型故障	CLVLERR	*
22	机器人急停	EMGERR	*
23	第 n 任务区程序在运行中	SnSTART	*
24	第 n 任务区程序在暂停中	SnSTOP	*
25	第 n 台机器人伺服 OFF	SnSRVOFF	*
26	第 n 台机器人伺服 ON	SnSRVON	*
27	第 n 台机器人机械锁定	SnMELOCK	*
28	数据输出区域	IODATA	*
29	程序号数据输出中	PRGOUT	*
30	程序行号数据输出中	LINEOUT	*
31	速度比例数据输出中	OVRDOUT	*
32	报警号输出中	ERROUT	*
33	JOG 有效状态	JOGENA	*
34	JOG 模式	JOGM	*
35	JOG 报警无效状态	JOGNER	*
36	抓手工作状态	HNDCNTLn	*
37	抓手工作状态	HNDSTSn	*
38	外部信号对抓手控制的有效无效状态	HANDENA	*
39	第 n 台机器人抓手报警	HNDERRn	*

续表

序号	名称	参数	出厂设定端子号
40	第 n 台机器人气压报警	AIRERRn	*
41	用户定义区编号	USRAREA	*
42	易损件维修时间	MnPTEXC	*
43	机器人处于预热工作模式	MnWUPENA	*
44	输出位置数据的任务区编号	PSSLOT	*
45	输出的位置数据类型	PSTYPE	*
46	输出的位置数据编号	PSNUM	*
47	位置数据的输出状态	PSOUT	*
48	控制柜温度输出状态	TMPOUT	*

注：＊表示可由用户自行设置输出端子号。

5.2 专用输入信号详解

出厂值是指出厂时预分配的输入端子号。机器人系统本身已经内置了专用的功能，使用时通过参数将这些功能赋予指定的输入端子，有些功能特别重要，所以出厂时已经预先设定了输入端子号，即该输入端子被指定了功能，不得更改（例如 STOP 功能）。如果出厂值设置为－1 则表示可以任意设置输入端子号。设置参数是通过软件 RT Tool Box 或示教单元进行的。这里给出了软件 RT Tool Box 的参数设置画面，这样更有助于对专用功能的理解。下面按表 5-1 的顺序对专用输入信号逐一讲解。

参数	名称	功能
IOENA	操作权	使外部信号操作权有效无效

参数的编辑   ✖

参数名：IOENA 机器号：0

说明：Operation enable INPUT   Operation enable OUTPUT

1:    5
2:    3

设置对应本功能的输入端子号=5，输入端子 5＝ON/OFF，对应外部信号操作权有效/无效。输入端子 5＝ON，从 I/O 卡输入的信号生效，输入端子 5＝OFF，从 I/O 卡输入的信号无效

参数	名称	功能
START	启动	程序启动

参数的编辑   ✖

参数名：START 机器号：0

说明：All slot Start INPUT，During rxrcute OUTPUT

1:    3
2:    0

设置对应本功能的输入端子号＝3，如输入端子 3＝ON，则所有任务区内程序启动

参数	名称	功能
STOP	停止	程序停止

```
参数的编辑                              [ X ]

    参数名 ：STOP    机器号 ：0

    说明：All slot Stop INPUT ,During wait OUTPUT

    1:          0
    2:         -1
```

设置对应本功能的输入端子号＝0,如输入端子 0＝ON,则所有任务区内程序停止。STOP 功能对应的输入端子号固定设置为 0

参数	名称	功能
STOP2	停止 2	程序停止。功能与 STOP 相同,但输入端子号可以任意设置

```
参数的编辑                              [ X ]

    参数名 ：STOP2    机器号 ：0

    说明：All slot Stop INPUT ,During wait OUTPUT

    1:          8
    2:         -1
```

设置对应本功能的输入端子号＝8,如输入端子 8＝ON,则所有任务区内程序停止。STOP2 功能对应的输入端子号可以由用户设置

参数	名称	功能
SLOTINIT	程序复位	中断正在执行的程序,回到程序起始行。对应多任务状态,使全部任务区程序复位。当对应启动条件为 ALWAYS 和 ERROR 时,则不能执行复位

```
参数的编辑                              [ X ]

    参数名 ：SLOTINIT    机器号 ：0

    说明：Program reset INPUT ,Program select enable OUTPUT

    1:          6
    2:         -1
```

设置对应本功能的输入端子号＝6,如输入端子 6＝ON,则所有任务区内程序复位

参数	名称	功能
ERRRESET	报警复位	解除报警状态

```
参数的编辑                              [ X ]

    参数名 ：ERRRESET    机器号 ：0

    说明：Error reset INPUT ,During error OUTPUT

    1:          2
    2:          2
```

设置对应本功能的输入端子号＝2,如输入端子 2＝ON,则解除报警状态

参数	名称	功能
SRVON	伺服 ON	机器人伺服电源＝ON。多机器人时，全部机器人伺服电源＝ON

参数的编辑　　　　　　　　✕

参数名：SRVON　机器号：0

说明：Servo on INPUT ,During servo on OUTPUT

1:　　4
2:　　1

设置对应本功能的输入端子号＝4，如输入端子4＝ON，则机器人伺服电源＝ON

参数	名称	功能
SRVOFF	伺服 OFF	机器人伺服电源＝OFF。多机器人时，全部机器人伺服电源＝OFF

参数的编辑　　　　　　　　✕

参数名：SRVOFF　机器号：0

说明：Servo off INPUT ,servo on disable OUTPUT

1:　　9
2:　　-1

设置对应本功能的输入端子号＝9，如输入端子9＝ON，则机器人伺服电源＝OFF

参数	名称	功能
AUTOENA	自动模式使能	使自动程序生效。禁止在非自动模式下自动运行

参数的编辑　　　　　　　　✕

参数名：AUTOENA　机器号：0

说明：AUTO enable INPUT AUTO enable OUTPUT

1:　　10
2:　　-1

设置对应本功能的输入端子号＝10，如输入端子10＝ON，则机器人进入自动使能模式

参数	名称	功能
CYCLE	停止循环运行	停止循环运行的程序

参数的编辑　　　　　　　　✕

参数名：CYCLE　机器号：0

说明：Cycle stop INPUT ,Cycle stop OUTPUT

1:　　11
2:　　-1

设置对应本功能的输入端子号＝11，如输入端子11＝ON，则停止循环运行的程序

参数	名称	功能
MELOCK	机械锁定	使机器人进入机械锁定状态。机械锁定状态即程序运行，机械不动

参数的编辑　　　　　　　　　　　　　　⊠

参数名 ：MELOCK　机器号 ：0

说明：Machine lock INPUT ,Machine lock OUTPUT

1：　　　12

2：　　　-1

设置对应本功能的输入端子号＝12，如输入端子 12＝ON，则机械锁定功能生效

参数	名称	功能
SAFEPOS	回待避点	回到预设置的待避点

参数的编辑　　　　　　　　　　　　　　⊠

参数名 ：SAFEPOS　机器号 ：0

说明：Move home INPUT ,Moving home OUTPUT

1：　　　13

2：　　　-1

设置对应本功能的输入端子号＝13，如输入端子 13＝ON，则执行回待避点动作

参数	名称	功能
OUTRESET	通用输出信号复位	指令全部通用输出信号复位

参数的编辑　　　　　　　　　　　　　　⊠

参数名 ：OUTRESET　机器号 ：0

说明：General output reset INPUT ,No signal

1：　　　14

2：　　　-1

设置对应本功能的输入端子号＝14，如输入端子 14＝ON，则执行通用输出信号复位动作

参数	名称	功能
SnSTART	第 n 任务区内程序启动	指令第 n 任务区内程序启动。n＝1～32

参数的编辑　　　　　　　　　　　　　　⊠

参数名 ：S2START　机器号 ：0

说明：Slot2 Start INPUT ,During execute OUTPUT

1：　　　19

2：　　　-1

设置对应本功能的输入端子号＝19，如输入端子 19＝ON，则执行第 2 任务区内程序启动

参数	名称	功能
SnSTOP	第 n 任务区内程序停止	指令第 n 任务区内程序停止。n＝1～32

设置对应本功能的输入端子号＝16，如输入端子 16＝ON，则执行第 2 任务区内程序停止

参数	名称	功能
SnSRVOFF	第 n 台机器人伺服电源 OFF	指令第 n 台机器人伺服电源 OFF。n＝1～3

参数	名称	功能
SnSRVON	第 n 台机器人伺服电源 ON	指令第 n 台机器人伺服电源 ON。n＝1～3

参数	名称	功能
SnMELOCK	第 n 台机器人机械锁定	指令第 n 台机器人机械锁定。n＝1～3

参数	名称	功能
PRGSEL	选定程序生效	使选定的程序号生效

设置对应本功能的输入端子号＝18，如输入端子 18＝ON，则选定的程序号生效

参数	名称	功能
OVRESEL	选定速度比例生效	使选定的速度比例生效

设置对应本功能的输入端子号＝19，如输入端子 19＝ON，则选定速度比例生效

参数	名称	功能
IODATA	数据输入	指定在选择程序号和速度比例等数据量时使用的输入信号起始号和结束号

参数的编辑

参数名：IODATA　机器号：0

说明：Value input signal (start,end)INPUT ,Value output signal (start,end)OUTPUT

1:　12
2:　15
3:　12
4:　15

设置对应本功能的输入端子号＝12～15,输入端子12～15构成的(二进制)数据可以为程序号、速度比例等数据输入量

参数	名称	功能
PRGOUT	程序号输出请求	指令输出当前执行的程序号

参数的编辑

参数名：PRGOUT　机器号：0

说明：prog No. output requirerement INPUT ,During output prg.No. OUTPUT

1:　20
2:　−1

设置对应本功能的输入端子号＝20,如输入端子20＝ON,则指令输出当前执行的程序号

参数	名称	功能
LINEOUT	程序行号输出请求	指令输出当前执行的程序行号

参数的编辑

参数名：LINEOUT　机器号：0

说明：line No. output requirerement INPUT ,During output line No. OUTPUT

1:　21
2:　−1

设置对应本功能的输入端子号＝21,如输入端子21＝ON,则指令输出当前执行的程序行号

参数	名称	功能
OVRDOUT	速度比例输出请求	指令输出当前速度比例

参数的编辑

参数名：OVRDOUT　机器号：0

说明：OVRD output requirerement INPUT ,During output OVRD OUTPUT

1:　22
2:　−1

设置对应本功能的输入端子号＝22,如输入端子22＝ON,则指令输出当前执行的速度比例

参数	名称	功能
ERROUT	报警号输出请求	指令输出当前报警号

参数的编辑 ✕

参数名：ERROUT　机器号：0

说明：Err No. output requirerement INPUT ,During output Err. NO. OUTPUT

1:	23
2:	-1

设置对应本功能的输入端子号＝23，如输入端子23＝ON，则指令输出当前的报警号

参数	名称	功能
JOGENA	JOG 使能信号	使 JOG 功能生效（通过外部端子使用 JOG 功能）

参数的编辑 ✕

参数名：JOGENA　机器号：0

说明：JOG command INPUT ,During JOG OUTPUT

1:	24
2:	-1

设置对应本功能的输入端子号＝24，如输入端子24＝ON，则 JOG 功能生效（通过外部端子使用 JOG 功能）

参数	名称	功能
JOGM	用数据设置 JOG 运行模式	设置在选择 JOG 模式时使用的端子起始号和结束号。0/1/2/3/4＝关节/直交/圆筒/三轴直交/TOOL

参数的编辑 ✕

参数名：JOGM　机器号：0

说明：JOG mode specification (start,end)INPUT , JOG mode output (start,end)OUTPUT

1:	25
2:	29
3	-1
4	-1

设置对应本功能的输入端子号＝25～29，输入端子25～29构成的数据设置 JOG 运行的工作模式。0/1/2/3/4＝关节/直交/圆筒/三轴直交/TOOL。例如：输入端子号＝25～29组成的数据＝1，则选择直交模式

参数	名称	功能
JOG＋	JOG＋	指定各轴的 JOG＋信号

参数的编辑 ✕

参数名：JOG+　机器号：0

说明：JOG + specification (start, end) INPUT ,No signal

1:	30
2:	35

设置对应本功能的输入端子号＝30～35，即输入端子30＝J1轴 JOG＋，输入端子31＝J2轴 JOG＋，……，输入端子35＝J6轴 JOG＋

参数	名称	功能
JOG—	JOG—	指定各轴的 JOG—信号

参数的编辑

参数名：JOG—　机器号：0

说明：JOG — specification (start, end) INPUT ,No signal

1:　36
2:　41

设置对应本功能的输入端子号＝36～41,即输入端子 36＝J1 轴 JOG—,输入端子 37＝J2 轴 JOG—,……,输入端子 41＝J6 轴 JOG—

参数	名称	功能
JOGWKND	工件坐标系编号	通过数据起始位与结束位设置工件坐标系编号

参数	名称	功能
JOGNER	JOG 报警暂时无效	指令 JOG 报警暂时无效

参数的编辑

参数名：JOGNER　机器号：0

说明：Error disregard at JOG INPUT ,Durind Error disregard at JOG OUTPUT

1:　42
2:　−1

设置对应本功能的输入端子号＝42,如输入端子 42＝ON,则 JOG 报警暂时无效

参数	名称	功能
HANDENA	外部信号控制抓手	指令允许/不允许外部信号控制抓手

参数的编辑

参数名：HANDENA　机器号：0

说明：Hand control enable INPUT ,Hand control enable OUTPUT

1:　43
2:　−1

设置对应本功能的输入端子号＝43,如输入端子 43＝ON,则允许外部信号控制抓手;如输入端子 43＝OFF,则不允许外部信号控制抓手

参数	名称	功能
HANDOUT	控制抓手的输入信号范围	设置控制抓手的输入信号范围

参数的编辑

参数名：HANDOUT　机器号：0

说明：Hand output control signal INPUT(Start,end)

1:　44
2:　50

设置对应本功能的输入端子号＝44～50,即输入端子 44～50 为控制抓手的输入信号范围

参数	名称	功能
HNDERRn	第 n 台机器人的抓手报警	发出第 n 台机器人抓手报警信号。n＝1～3

参数的编辑 ✕

参数名 : HNDERR1　机器号 : 0

说明: Robort1 hand error requirement During robort1 hang errr OUTPUT

1:　51
2:　−1

设置对应本功能的输入端子号＝51,如输入端子 51＝ON,则发出第 1 台机器人抓手报警信号

参数	名称	功能
AIRERRn	第 n 台机器人的气压报警	发出第 n 台机器人的气压报警信号。n＝1～5

参数	名称	功能
MnWUPENA	第 n 台机器人预热运行模式有效	发出第 n 台机器人预热运行模式有效信号。n＝1～3

参数的编辑 ✕

参数名 : M1WUPENA　机器号 : 0

说明: Robort1 warm up mode setting INPUT,Robort1 warm up mode enable OUTPUT

1:　52
2:　−1

设置对应本功能的输入端子号＝52,如输入端子 52＝ON,则发出第 1 台机器人预热运行模式有效信号

参数	名称	功能
PSSLOT	需要输出位置数据的任务区号	指定需要输出位置数据的任务区号

参数的编辑 ✕

参数名 : PSSLOT　机器号 : 0

说明: Slot number (start,end)INPUT ,Slot number (start,end) OUTPUT

1:　10
2:　14
3　20
4　24

设置对应本功能的输入端子号＝10～14,即输入端子 10～14 构成的数据为需要输出位置数据的任务区号

参数	名称	功能
PSTYPE	位置数据类型	指定位置数据类型

参数的编辑 ✕

参数名 : PSTYPE　机器号 : 0

说明: Data type number INPUT,Data type number OUTPUT

1:　53
2:　−1

设置对应本功能的输入端子号＝53,输入端子 53＝1/0,对应关节型变量/直交型变量

参数	名称	功能
PSNUM	用一组数据表示位置变量号	指定用一组数据表示位置变量号

参数的编辑   ✕

参数名：PSNUM　机器号：0

说明：Position number (start,end)INPUT ,Position number (start,end) OUTPUT

1:	30
2:	34
3	40
4	44

设置对应本功能的输入端子号＝30～34,即输入端子 30～34 构成的数据表示位置变量号

参数	名称	功能
PSOUT	输出位置数据指令	指令输出当前位置数据

参数的编辑   ✕

参数名：PSOUT　机器号：0

说明：Position data requirement INPUT ,During output position OUTPUT

1:	54
2:	−1

设置对应本功能的输入端子号＝54,如输入端子 54＝ON,则指令输出当前位置数据

参数	名称	功能
TMPOUT	输出控制柜温度	指令输出控制柜实际温度

5.3　专用输出信号详解

出厂值是指出厂时预分配的输出端子号。由于同一参数包含了输入信号与输出信号的内容,因此必须理解:参数只是表示某一功能,输入信号是驱动这一功能生效,输出信号是表示这一功能已经生效。在解释输出信号时,有意将输入信号设置为−1,表示可以任意设置,使读者注意力集中在输出信号上。下面按表 5-2 的顺序对专用输出信号逐一讲解。

参数	名称	功能
RCREADY	控制器电源 ON	表示控制器电源 ON,可以正常工作

参数的编辑   ✕

参数名：RCREADY　机器号：0

说明：No signal ,R/C ready OUTPUT

1:	−1
2:	2

设置对应本功能的输出端子号＝2,如果控制器电源 ON,则输出端子 2＝ON

参数	名称	功能
ATEXTMD	远程模式	表示操作面板选择自动模式，外部 I/O 信号操作有效

参数的编辑

参数名：ATEXTMD　机器号：0

说明：No signal ,Auto (Ext) mode OUTPUT

1: －1
2: 4

设置对应本功能的输出端子号＝4，如果当前工作模式为远程模式，则输出端子 4＝ON

参数	名称	功能
TEACHMD	示教模式	表示当前工作模式为示教模式

参数的编辑

参数名：TEACHMD　机器号：0

说明：No signal ,Teach mode OUTPUT

1: －1
2: 5

设置对应本功能的输出端子号＝5，如果当前工作模式为示教模式，则输出端子 5＝ON

参数	名称	功能
ATTOPMD	自动模式	表示当前工作模式为自动模式

参数的编辑

参数名：ATTOPMD　机器号：0

说明：No signal ,AUTO(OP) mode OUTPUT

1: －1
2: 6

设置对应本功能的输出端子号＝6，如果当前工作模式为自动模式，则输出端子 6＝ON

参数	名称	功能
IOENA	外部信号操作权有效	表示外部信号操作权有效

参数的编辑

参数名：IOENA　机器号：0

说明：Operation enable INPUT ,Operation enable OUTPUT

1: 5
2: 3

设置对应本功能的输出端子号＝3，如果外部操作权有效，则输出端子 3＝ON

参数	名称	功能
START	程序已启动	表示机器人进入程序已启动状态

参数的编辑　　　　　　　　　　　　　　　　　　　　✕

参数名：**START**　机器号：0

说明：**All slot Start INPUT During execute OUTPUT**

1:　3
2:　6

设置对应本功能的输出端子号＝6，如果机器人进入程序已启动状态，则输出端子 6＝ON

参数	名称	功能
STOP	程序停止	表示机器人进入程序暂停状态

参数的编辑　　　　　　　　　　　　　　　　　　　　✕

参数名：**STOP**　机器号：0

说明：**All slot Stop INPUT(no change) ,During wait OUTPUT**

1:　0
2:　7

设置对应本功能的输出端子号＝7，如果机器人进入程序暂停状态，则输出端子 7＝ON

参数	名称	功能
STOP2	程序停止	表示当前为程序暂停状态

参数的编辑　　　　　　　　　　　　　　　　　　　　✕

参数名：**STOP2**　机器号：0

说明：**All slot Stop INPUT,During wait OUTPUT**

1:　-1
2:　8

设置对应本功能的输出端子号＝8，如果机器人进入程序暂停2状态，则输出端子 8＝ON

参数	名称	功能
STOPSTS	STOP 信号输入	表示正在输入 STOP 信号

参数的编辑　　　　　　　　　　　　　　　　　　　　✕

参数名：**STOPSTS**　机器号：0

说明：**No signal ,Stop in OUTPUT**

1:　-1
2:　30

设置对应本功能的输出端子号＝30，如果正在输入 STOP 信号，则输出端子 30＝ON

参数	名称	功能
SLOTINIT	任务区中的程序可选择状态	表示任务区处于程序可选择状态

参数的编辑 ✕

参数名：SLOTINIT　机器号：0

说明：Program reset INPUT , program select enable OUTPUT

1：　　−1

2：　　9

设置对应本功能的输出端子号＝9，如果任务区处于程序可选择状态，则输出端子9＝ON

参数	名称	功能
ERRRESET	报警发生中	表示当前处于发生报警状态

参数的编辑 ✕

参数名：ERRRESET　机器号：0

说明：Error reset INPUT , During error OUTPUT

1：　　2

2：　　2

设置对应本功能的输出端子号＝2，如果当前处于报警发生中，则输出端子2＝ON

参数	名称	功能
SRVON	伺服 ON	表示当前处于伺服 ON 状态

参数的编辑 ✕

参数名：SRVON　机器号：0

说明：Servo on INPUT , During servo on OUTPUT

1：　　4

2：　　1

设置对应本功能的输出端子号＝1，如果当前处于伺服 ON 状态，则输出端子1＝ON

参数	名称	功能
SRVOFF	伺服 OFF	表示当前处于伺服 OFF 状态

参数的编辑 ✕

参数名：SRVOFF　机器号：0

说明：Servo off INPUT , servo on disable OUTPUT

1：　　1

2：　　10

设置对应本功能的输出端子号＝10，如果当前处于伺服 OFF 状态，则输出端子10＝ON

参数	名称	功能
AUTOENA	可自动运行	表示当前处于可自动运行状态

参数的编辑　×

参数名：AUTOENA　机器号：0

说明：AUTO enable INPUT，AUTO enable OUTPUT

1:　-1
2:　11

设置对应本功能的输出端子号=11,如果当前处于可自动运行状态,则输出端子11=ON

参数	名称	功能
CYCLE	循环停止信号	表示循环停止信号正输入中

参数的编辑　×

参数名：CYCLE　机器号：0

说明：Cycle stop INPUT，During Cycle stop OUTPUT

1:　-1
2:　12

设置对应本功能的输出端子号=12,如果循环停止信号正输入中,则输出端子12=ON

参数	名称	功能
MELOCK	机械锁定状态	表示机器人处于机械锁定状态。机械锁定状态是程序运行,机器人不动作

参数的编辑　×

参数名：MELOCK　机器号：0

说明：Machine lock INPUT，Machine lock OUTPUT

1:　-1
2:　13

设置对应本功能的输出端子号=13,如果机器人处于机械锁定状态,则输出端子13=ON

参数	名称	功能
SAFEPOS	回归待避点状态	表示机器人处于回归待避点状态

参数的编辑　×

参数名：SAFEPOS　机器号：0

说明：Move home INPUT，Moving home OUTPUT

1:　-1
2:　14

设置对应本功能的输出端子号=14,如果机器人处于回归待避点状态,则输出端子14=ON

参数	名称	功能
BATERR	电池电压过低	表示机器人电池电压过低

参数的编辑

参数名：BATERR　机器号：0

说明：No signal ,low battery OUTPUT

1：　−1
2：　16

设置对应本功能的输出端子号＝16，如果机器人处于电池电压过低状态，则输出端子16＝ON

参数	名称	功能
HLVLERR	严重级报警	表示机器人出现严重级故障报警

参数的编辑

参数名：HLVLERR　机器号：0

说明：No signal ,During H-ERROR OUTPUT

1：　−1
2：　17

设置对应本功能的输出端子号＝17，如果机器人处于严重级故障报警状态，则输出端子17＝ON

参数	名称	功能
LLVLERR	轻微级故障报警	表示机器人出现轻微级故障报警

参数的编辑

参数名：LLVLERR　机器号：0

说明：No signal ,During L-ERROR OUTPUT

1：　−1
2：　19

设置对应本功能的输出端子号＝19，如果机器人处于轻微级故障报警状态，则输出端子19＝ON

参数	名称	功能
CLVLERR	警告型故障	表示机器人出现警告型故障

参数	名称	功能
EMGERR	机器人急停	表示机器人处于急停状态

参数的编辑

参数名：EMGERR　机器号：0

说明：No signal ,During Caution OUTPUT

1：　−1
2：　20

设置对应本功能的输出端子号＝20，如果机器人处于急停状态，则输出端子20＝ON

参数	名称	功能
SnSTART	第 n 任务区程序在运行中	表示第 n 任务区程序在运行中

设置对应本功能的输出端子号＝21,如果机器人处于第 1 任务区程序运行状态,则输出端子 21＝ON

参数	名称	功能
SnSTOP	第 n 任务区程序在暂停中	表示第 n 任务区程序在暂停中

设置对应本功能的输出端子号＝22,如果机器人处于第 1 任务区程序暂停中状态,则输出端子 22＝ON

参数	名称	功能
SnSRVOFF	第 n 台机器人伺服 OFF	表示第 n 台机器人伺服 OFF

参数	名称	功能
SnSRVON	第 n 台机器人伺服 ON	表示第 n 台机器人伺服 ON

参数	名称	功能
SnMELOCK	第 n 台机器人机械锁定	表示第 n 台机器人处于机械锁定状态

参数	名称	功能
IODATA	数据输出区域	对应于数据输出,指定输出信号的起始位与结束位

设置对应本功能的输出端子号＝24～31,则输出端子 24～31 的 ON/OFF 状态构成了一组数据

参数	名称	功能
PRGOUT	程序号数据输出中	表示当前正在输出程序号

参数的编辑　　　　　　　　　　　　　　　　　 ✕

参数名：PRGOUT　机器号：0

说明：prog.No. output requirement INPUT , During output prog.No. OUTPUT

1:　　　−1
2:　　　32

设置对应本功能的输出端子号＝32，如果机器人当前正在输出程序号，则输出端子 32＝ON

参数	名称	功能
LINEOUT	程序行号数据输出中	表示当前正在输出程序行号

参数的编辑　　　　　　　　　　　　　　　　　 ✕

参数名：LINEOUT　机器号：0

说明：line No. output requirement INPUT , During output line No. OUTPUT

1:　　　−1
2:　　　33

设置对应本功能的输出端子号＝33，如果机器人当前正在输出程序行号，则输出端子 33＝ON

参数	名称	功能
OVRDOUT	速度比例数据输出中	表示当前正在输出速度比例

参数的编辑　　　　　　　　　　　　　　　　　 ✕

参数名：OVRDOUT　机器号：0

说明：OVRD output requirement INPUT , During output OVRD OUTPUT

1:　　　−1
2:　　　34

设置对应本功能的输出端子号＝34，如果机器人当前正在输出速度比例，则输出端子 34＝ON

参数	名称	功能
ERROUT	报警号输出中	表示当前正在输出报警号

参数的编辑　　　　　　　　　　　　　　　　　 ✕

参数名：ERROUT　机器号：0

说明：Err.No. output requirement INPUT , During output Err.No OUTPUT

1:　　　−1
2:　　　35

设置对应本功能的输出端子号＝35，如果机器人当前正在输出报警号，则输出端子 35＝ON

参数	名称	功能
JOGENA	JOG 有效状态	表示当前处于 JOG 有效状态

参数的编辑 　　　　　　　　　　　　　　　　　　　[X]

参数名 ：JOGENA 　机器号 ：0

说明：JOG command INPUT , During JOG OUTPUT

1:	-1
2:	36

设置对应本功能的输出端子号＝36,如果机器人当前处于 JOG 有效状态,则输出端子 36＝ON

参数	名称	功能
JOGM	JOG 模式	表示当前的 JOG 模式

参数的编辑 　　　　　　　　　　　　　　　　　　　[X]

参数名 ：JOGM 　机器号 ：0

说明：JOG MODE specifiction(start,end)INPUT ,JOG mode output (start,end) OUTPUT

1:	-1
2:	-1
3	37
4	39

设置对应本功能的输出端子号＝37~39,输出端子 37~39 构成的数据表示了 JOG 的工作模式

参数	名称	功能
JOGNER	JOG 报警无效状态	表示 JOG 报警无效状态

参数的编辑 　　　　　　　　　　　　　　　　　　　[X]

参数名 ：JOGNER 　机器号 ：0

说明：Error disregard at JOG INPUT ,During error disregard at JOG OUTPUT

1:	-1
2:	40

设置对应本功能的输出端子号＝40,如果机器人当前处于 JOG 报警无效状态,则输出端子 40＝ON

参数	名称	功能
HNDCNTLn	抓手工作状态	输出抓手工作状态(输出信号部分)

参数	名称	功能
HNDSTSn	抓手工作状态	输出抓手工作状态(输入信号部分)

参数	名称	功能
HANDENA	外部信号对抓手控制的状态	表示外部信号对抓手控制的有效无效状态

参数的编辑　　　　　　　　　　　　　　　　　　✕

参数名：HANDENA　机器号：0

说明：Hand control enable INPUT ,Hand control enable OUTPUT

1:　　　−1
2:　　　42

设置对应本功能的输出端子号＝42,如果机器人当前处于外部信号对抓手控制有效状态,则输出端子42＝ON

参数	名称	功能
HNDERRn	第n台机器人抓手报警	表示第n台机器人抓手报警

参数的编辑　　　　　　　　　　　　　　　　　　✕

参数名：HNDERR1　机器号：0

说明：Robort1 Hand error requirement INPUT ,During robort1 hand error OUTPUT

1:　　　−1
2:　　　43

设置对应本功能的输出端子号＝43,如果第1台机器人当前处于抓手报警状态,则输出端子43＝ON

参数	名称	功能
AIRERRn	第n台机器人气压报警	表示第n台机器人气压报警

参数的编辑　　　　　　　　　　　　　　　　　　✕

参数名：AIRERR1　机器号：0

说明：Robort1 air pressure error INPUT ,During robort1 at pressure error OUTPUT

1:　　　−1
2:　　　45

设置对应本功能的输出端子号＝45,如果第1台机器人当前处于气压报警状态,则输出端子45＝ON

参数	名称	功能
USRAREA	用户定义区编号	用输出端子起始位与结束位表示用户定义区编号

参数的编辑　　　　　　　　　　　　　　　　　　✕

参数名：USRAREA　机器号：0

说明：No signal , with user defined area (start, end)OUTPUT

1:　　　46
2:　　　48

设置对应本功能的输出端子号＝46～48,输出端子46～48构成的数据表示了用户定义区编号

参数	名称	功能
MnPTEXC	易损件达到维修时间	表示易损件达到维修时间

```
参数的编辑                          [X]

        参数名 ：M1PTEXC  机器号 ：0

   说明：No signal , robot1 warning which urges exchange of parts

        1:              -1
        2:              49
```

设置对应本功能的输出端子号=49，如果第 1 台机器人易损件达到维修时间，则输出端子 49=ON

参数	名称	功能
MnWUPENA	机器人处于预热工作模式	表示机器人处于预热工作模式

```
参数的编辑                          [X]

        参数名 ：M1WUPENA  机器号 ：0

   说明： robot1 warm up mode setting IUPUT, robot1 warm up mode enable
         OUTPUT

        1:              -1
        2:              50
```

设置对应本功能的输出端子号=50，如果第 1 台机器人处于预热工作模式，则输出端子 50=ON

参数	名称	功能
PSSLOT	输出位置数据的任务区编号	用输出端子起始位与结束位表示输出位置数据的任务区编号

```
参数的编辑                          [X]

        参数名 ：PSSLOT  机器号 ：0

   说明：Slot number (start,end)INPUT ,Slot number (start,end) OUTPUT

        1:              -1
        2:              -1
        3               51
        4               53
```

设置对应本功能的输出端子号=51~53，输出端子 51~53 构成的数据表示了输出位置数据的任务区编号

参数	名称	功能
PSTYPE	输出的位置数据类型	表示输出的位置数据类型是关节型还是直交型

```
参数的编辑                          [X]

        参数名 ：PSTYPE  机器号 ：0

   说明：Data type number INPUT ,Data type number OUTPUT

        1:              -1
        2:              54
```

设置对应本功能的输出端子号=54，如果位置数据类型=关节型，则输出端子 54=ON；如果位置数据类型=直交型，则输出端子 54=OFF

参数	名称	功能
PSNUM	输出的位置数据编号	用输出端子起始位与结束位表示输出位置数据的编号

参数的编辑 ✕

参数名：PSNUM　机器号：0

说明：Position number (start,end)INPUT ,position number (start,end) OUTPUT

1:	30
2:	34
3	40
4	44

设置对应本功能的输出端子号＝40～44，输出端子40～44构成的数据表示了输出位置数据的编号

参数	名称	功能
PSOUT	位置数据的输出状态	表示当前处于位置数据的输出状态

参数的编辑 ✕

参数名：PSOUT　机器号：0

说明：Position data requirement INPUT ,During output position OUTPUT

1:	−1
2:	55

设置对应本功能的输出端子号＝55，如果机器人当前处于位置数据的输出状态，则输出端子55＝ON

参数	名称	功能
TMPOUT	控制柜温度输出状态	表示当前处于控制柜温度输出状态

参数的编辑 ✕

参数名：TMPOUT　机器号：0

说明：Temperature in RC output requirement INPUT ,During Temperature in RC OUTPUT

1:	9
2:	7

设置对应本功能的输出端子号＝7，如果机器人当前处于控制柜温度输出状态，则输出端子7＝ON

第 **6** 章　对机器人系统进行初步设置

第 4 章介绍了机器人使用的各种坐标系，其中世界坐标系是机器人系统默认使用的坐标系，如果不特别加以设置，世界坐标系与基本坐标系相同。

6.1　原点的设置

视频9
机器人的原点在哪里？

在开机后，首先应设置原点。三菱机器人有六种设置原点方式，如图 6-1 所示。原点数据输入方式是最常用的方法。出厂时，厂家已经标定了各轴的原点，并且作为随机文件提供给用户。用户在使用前应输入原点数据——原点文件中每一轴的原点数据是一个字符串。使用者应妥善保存原点文件，如果原点数据丢失，可直接输入原点文件提供的字符串，以恢复原点。

使用 RT 软件可以设置原点：点击［维护］→［原点数据］，弹出图 6-1 所示的界面；点击［原点数据输入方式（R）］，弹出图 6-2 所示的界面；根据出厂文件输入原点数据；将设置完毕的数据写入控制器；将当前原点数据保存到电脑中。

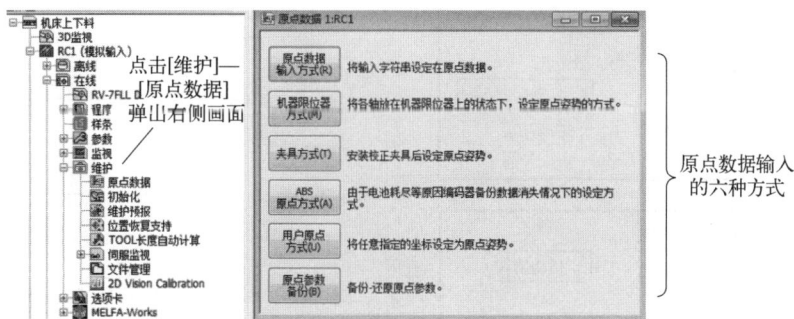

图 6-1　原点数据设置界面

点击[原点数据输入方式(R)]弹出下面的原点数据输入界面

各轴的原点数据输入框

写入原点数据到控制器

将原点数据保存到电脑

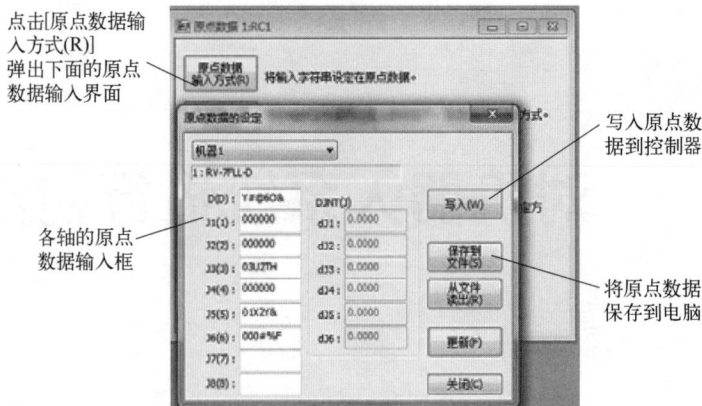

图 6-2　原点数据输入界面

6.2　原点的重置

6.2.1　原点重置方式

在使用过程中，若机器人与控制器的组合发生了改变，或者更换了电机、编码器，或者由于电池耗尽导致原点数据丢失，则必须要对原点进行重新设置。

（1）校正棒方式

校正棒方式是将各轴的校正孔对齐，然后插入校正棒（图 6-3），使各轴位置稳定，然后进行原点设置。

① 对 J1 轴的设置　为了使轴能够移动，必须解除进行原点设置轴的制动，可通过示教单元（TB）进行。将控制器前面的［MODE（模式）］开关置为"MANUAL（手动）"后，按下示教单元的［TB ENABLE（使能）］开关，使示教单元有效。具体操作见表 6-1 和表 6-2。

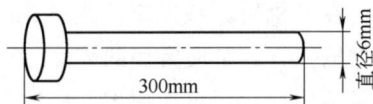

图 6-3　校正棒

表 6-1　解除/恢复制动

步骤	示教单元(TB)显示	操作说明
1	〈菜单〉 1.管理/编辑　　2.运行 3.参数　　4.原点/制动器 5.设置/初始化　6.扩展功能 123　　关闭	进入"菜单"界面,选择"原点/制动器"
2	〈原点/制动器〉 1.原点　　2.制动器 123　　关闭	进入"原点/制动器"界面,选择"制动器"

续表

步骤	示教单元(TB)显示	操作说明
3	〈制动〉 J1(1)　　J2(0)　　J3(0) J4(0)　　J5(0)　　J6(0) J7(0)　　J8(0) REL　　　123　　　关闭	进入"制动"界面,选择 J1 轴,设置 J1＝1
4	〈制动〉 J1(1)　　J2(0)　　J3(0) J4(0)　　J5(0)　　J6(0) J7(0)　　J8(0) REL　　　123　　　关闭 [F1]	持续按下[F1](REL)键,解除 J1 轴制动 手动移动 J1 轴,对齐校正孔(图 6-4),插入校正棒
5	〈制动〉 J1(1)　　J2(0)　　J3(0) J4(0)　　J5(0)　　J6(0) J7(0)　　J8(0) REL　　　123　　　关闭	松开[F1](REL)键,恢复 J1 轴制动

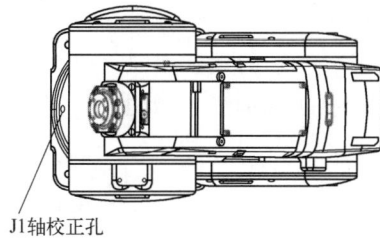

J1轴校正孔

图 6-4　J1 轴校正孔位置

表 6-2　设置原点

步骤	示教单元(TB)显示	操作说明
1	〈菜单〉 1.管理/编辑　　2.运行 3.参数　　　　4.原点/制动器 5.设置/初始化　6.扩展功能 　　　　123　　　关闭	进入"菜单"界面,选择"原点/制动器"
2	〈原点/制动器〉 1.原点　　　　2.制动器 　　　　123　　　关闭	进入"原点/制动器"界面,选择"原点",进行原点设置

续表

步骤	示教单元(TB)显示	操作说明
3	<原点> 1. 数据　　　2.机械 3.工具　　　4.ABS 5.用户 　　　　123　　关闭	进入"原点"界面，选择"工具"，即校正棒方式 确认校正棒已经插入校正孔
4	<原点> 数据 进行原点设置吗？ OK YES　　　123　　　NO [F1]	按下键[EXE]，进入"<原点>数据"界面，按下[F1]（YES）键，执行原点设置
5	<原点>　　　　完成 J1(1)　　J2(0)　　J3(0) J4(0)　　J5(0)　　J6(0) J7(0)　　J8(0) 　　　　123　　关闭	进入原点确认界面，确认 J1 轴原点设置完成 将原点数据记录到原点数据表中

② 对 J2 轴的设置　　方法与对 J1 轴的设置相同。J2 轴的校正孔位置如图 6-5 所示。

③ 对 J3 轴的设置　　方法与对 J1 轴的设置相同。J3 轴的校正孔位置如图 6-6 所示。

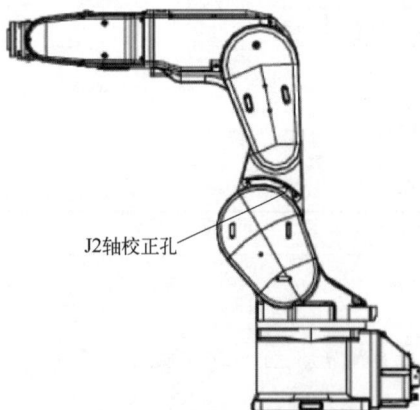

图 6-5　J2 轴校正孔位置

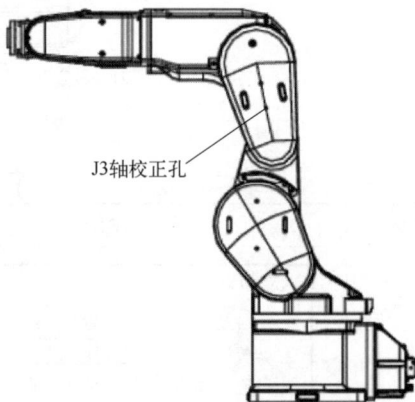

图 6-6　J3 轴校正孔位置

④ 对 J4 轴的设置　　方法与对 J1 轴的设置相同。J4 轴的校正孔位置如图 6-7 所示。

⑤ 对 J5 轴的设置　　方法与对 J1 轴的设置相同。J5 轴的校正孔位置如图 6-8 所示。

⑥ 对 J6 轴的设置　　方法如下：将螺栓拧入图 6-9 所示位置；握住螺栓转动 J6 轴，使 J6 轴上的 ABS 标记与 J5 轴上的 ABS 标记对齐；该位置即为 J5 轴和 J6 轴的原点位置，按表 6-2 设置原点。

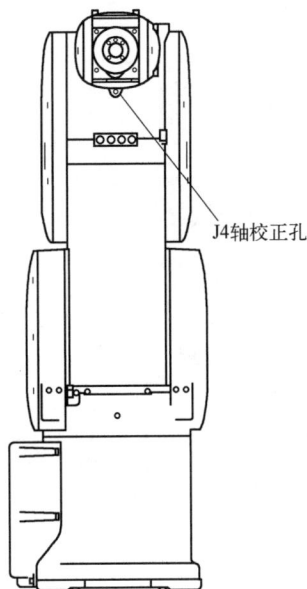

图 6-7　J4 轴校正孔位置

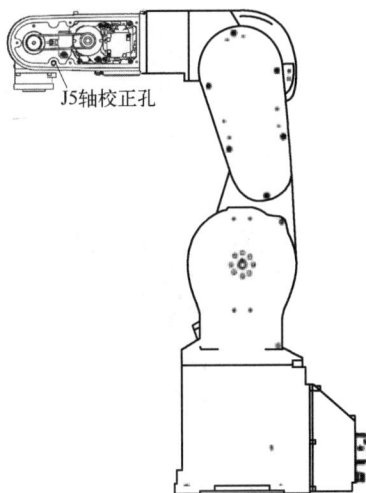

图 6-8　J5 轴校正孔位置

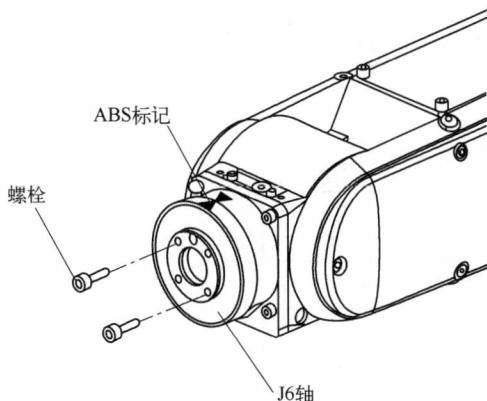

图 6-9　将 J6 轴与 J5 轴的 ABS 标记对齐

（2）ABS 原点方式

初次进行机器人的原点设置时，将原点在编码器一圈内的角度位置作为偏置量进行存储。使用 ABS 原点方式进行原点设置时，使用该偏置量可以抑制原点设置的偏差，正确地再现初次设置的原点位置。

由于电池耗尽等原因导致编码器备份数据丢失的情况下，可使用 ABS 原点方式进行原点重置。

如果使用 ABS 原点方式，需要在此之前由同一编码器以其他方式进行过一次原点设置。

使用 ABS 原点方式进行原点设置可通过示教单元进行。使用示教单元设置原点时，必须将控制器的［MODE（模式）］开关置为"MANUAL（手动）"，并将示教单元的［TB ENABLE（使能）］开关按下，使其有效。

通过 JOG 操作对齐各轴的 ABS 标记（图 6-10）。各轴可同时进行设置，也可分别进行设置。对齐 ABS 标记时，必须从正面进行操作，对准三角标记的前端。

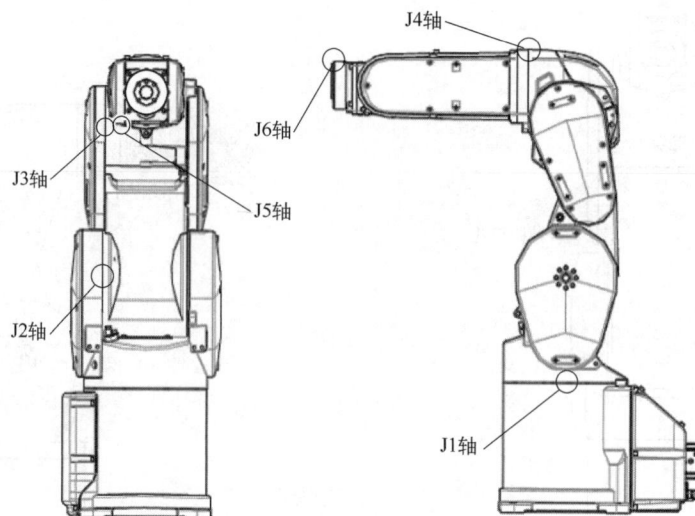

图 6-10　ABS 标记位置

ABS 原点设置的操作步骤见表 6-3。

表 6-3　ABS 原点设置的操作步骤

步骤	示教单元(TB)显示	操作说明
1	〈菜单〉 1.管理/编辑　2.运行 3.参数　4.原点/制动器 5.设置/初始化　6.扩展功能 123　关闭	进入"菜单"界面，选择"原点/制动器"
2	〈原点/制动器〉 1.原点　2.制动器 123　关闭	进入"原点/制动器"界面，选择"原点"
3	〈原点〉 1.数据　2.机械 3.工具　4.ABS 5.用户 123　关闭	进入"原点"界面，选择 ABS 原点方式
4	设置 〈原点〉ABS J1(1)　J2(0)　J3(0) J4(0)　J5(0)　J6(0) J7(0)　J8(0) 123　关闭	在 ABS 原点设置界面，选择需要进行设置原点的轴，如图设置 J1＝1，按下［EXE］键确认 转动 J1 轴，对齐 J1 轴的 ABS 标记

续表

步骤	示教单元(TB)显示	操作说明
5	〈原点〉数据 进行原点设置吗? OK YES　　123　　NO [F1]	进入原点设置确认界面。按[F1](YES)键,确认进行原点设置
6	表示完成 〈原点〉　ABS　　　完成 J1(1)　J2(0)　J3(0) J4(0)　J5(0)　J6(0) J7(0)　J8(0) REL　　123　　关闭	显示原点设置完成

（3）用户原点方式

用户原点方式是将任意位置设置为原点的方式。在实际使用过程中,用户可能希望将机器人的某个形位作为原点,可以在机器人运动到预定的位置后,执行用户原点设置,以该位置作为机器人的原点。由于是用户自行定义的原点,所以称为用户原点。使用用户原点方式前,必须使用其他方式进行过一次原点设置。

使用示教单元执行的用户原点设置流程如下（表6-4）。

① 将控制器的[MODE（模式）]开关置为"MANUAL（手动）"。

② 将示教单元的[TB ENABLE（使能）]开关置为"ENABLE",使其有效。

③ 确定用户原点位置。通过JOG操作将机器人移动至预定作为原点的位置。为了再次使用本方式进行原点设置时能够通过JOG操作对全部轴进行定位,应做好标记。

④ 选择关节型JOG模式,在TB画面中显示角度坐标,记录各轴角度坐标值。

⑤ 将记录的值输入用户指定原点参数（USERORG）中。

表6-4　用户原点设置的操作步骤

步骤	示教单元(TB)显示	操作说明
1	〈菜单〉 1.管理/编辑　　2.运行 3.参数　　4.原点/制动器 5.设置/初始化　6.扩展功能 123　　关闭	进入"菜单"界面,选择"原点/制动器"
2	〈原点/制动器〉 1.原点　　　2.制动器 123　　关闭	进入"原点/制动器"界面,选择"原点"

续表

步骤	示教单元(TB)显示	操作说明
3	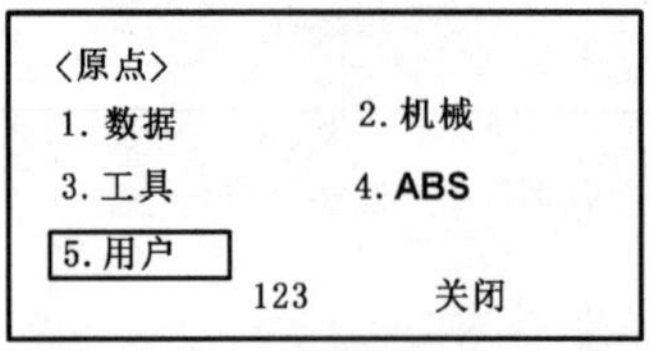 〈原点〉 1.数据　　　2.机械 3.工具　　　4.ABS 5.用户 　　　123　　关闭	进入"原点"界面,选择"用户"
4	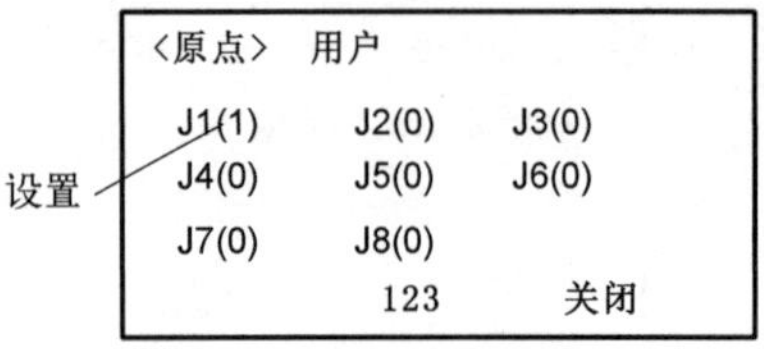 设置 〈原点〉　用户 J1(1)　　J2(0)　　J3(0) J4(0)　　J5(0)　　J6(0) J7(0)　　J8(0) 　　　123　　关闭	进入用户原点设置界面,选择需要进行设置原点的轴,如图设置J1=1,按下［EXE］键确认 移动各轴到达预定的位置
5	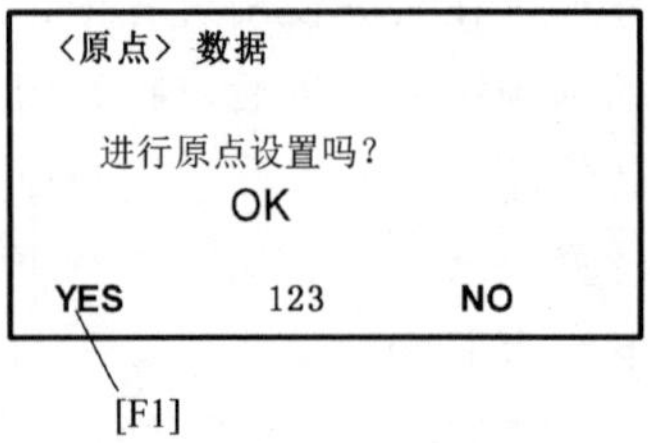 〈原点〉数据 进行原点设置吗? OK YES　　123　　NO ［F1］	进入原点设置确认界面。按［F1］(YES)键,确认进行原点设置 用户原点设置完成

6.2.2 原点数据记录

原点数据可通过 TB 界面（原点数据输入界面）进行确认。原点数据表被粘贴在机器人本体的 CONBOX 盖板背面。将机器人本体的 CONBOX 盖板卸下，对 TB 的原点数据输入界面中显示的值进行确认，在 TB 的显示界面中显示原点数据输入界面，将 TB 中显示的原点数据改写到粘贴在 CONBOX 盖板背面的原点数据表中。至此，原点数据记录完毕。

6.3 机器人初始化的基本操作

（1）功能

将机器人控制器中的数据进行初始化：时间设定；删除所有程序；电池剩余时间的初始化；机器人的序列号的确认设定。

（2）操作方法

如图 6-11 所示：打开 RT 软件，点击［维护］→［初始化］，弹出初始化操作界面；对程序进行初始化——删除控制器内所有程序；设定当前时间。

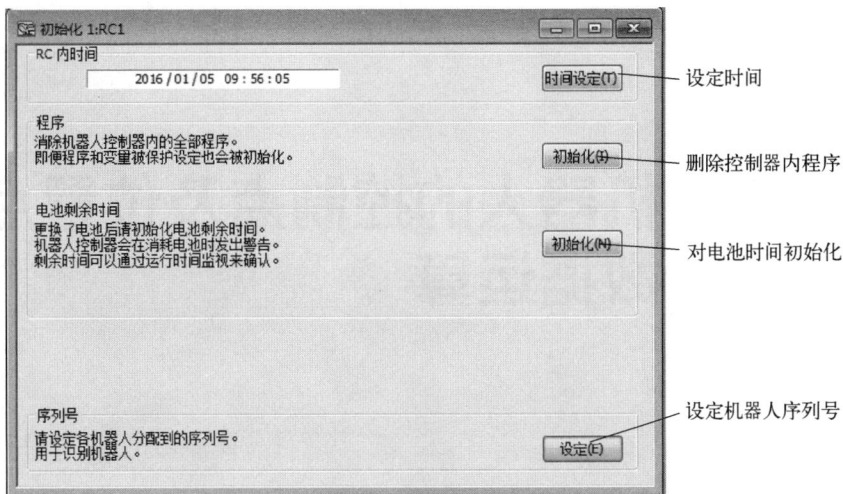

图 6-11　初始化操作界面

6.4　动作范围的设置

点击［离线］→［参数］→［动作参数］→［动作范围］弹出如图 6-12 所示的动作范围设置界面，在此可以设置各轴的关节动作范围、在直角坐标系内的动作范围等，设置完毕后，点击［写入］，完成操作。

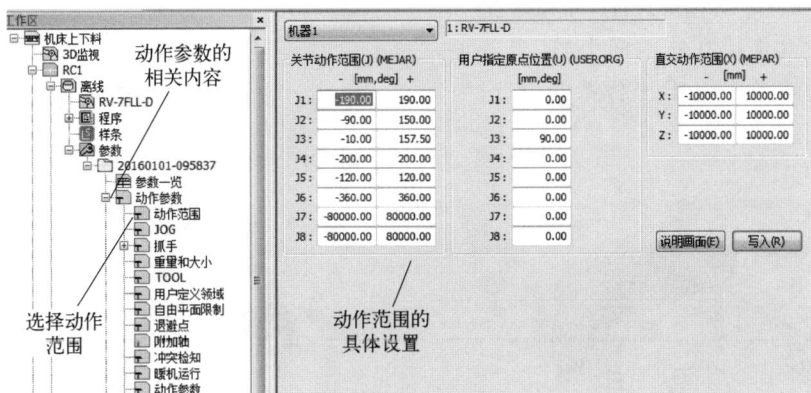

图 6-12　动作范围设置界面

第 7 章　机器人的控制点及位置点数据运算

7.1　机器人的控制点在哪里？

机器人的控制点是机器人本体上的一个点，在出厂时，这个点被定义为机器人法兰面中心点，即机械 IF 坐标系的原点，如图 7-1 和图 7-2 所示。如果设置了 TOOL 坐标系（TOOL 坐标系即工具坐标系，大多数情况下即抓手坐标系，抓手就连接在法兰面上），机器人的控制点就是 TOOL 坐标系的原点，如图 7-3 所示。

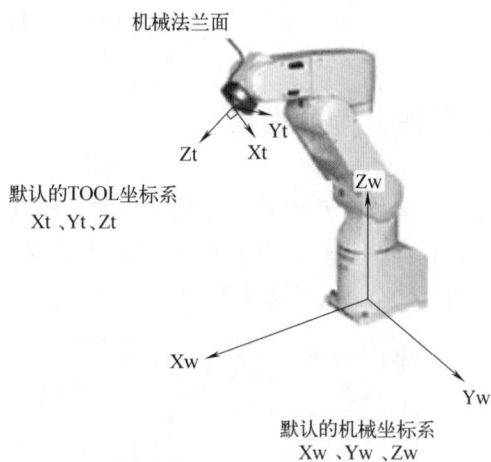

机械法兰面

默认的TOOL坐标系
Xt 、Yt、Zt

默认的机械坐标系
Xw 、Yw、Zw

图 7-1　控制点在机械法兰面中心点

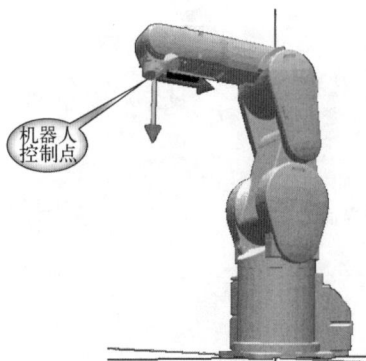

机器人控制点

图 7-2　控制点在机械 IF 坐标系原点

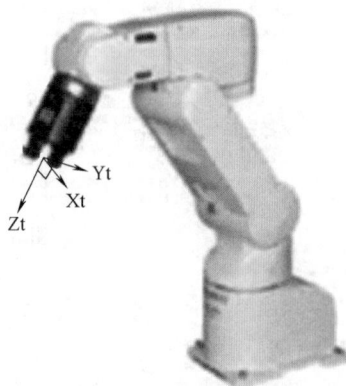

图 7-3　控制点在 TOOL 坐标系原点

视频10
机器人的控制点在哪里？

7.2　如何表示一个位置点？

如图 7-4 所示，位置点由以下几个数据构成。

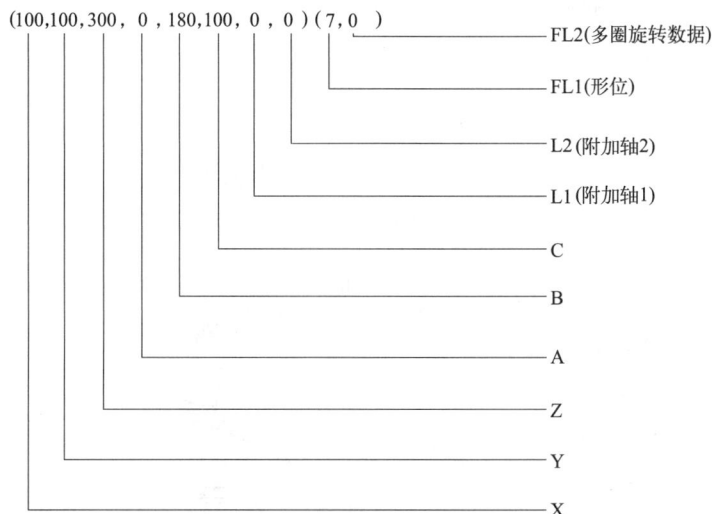

图 7-4　位置点的表示方法示例

① X，Y，Z——表示机器人控制点在直角坐标系中的坐标。

② A，B，C——表示绕 X、Y、Z 轴旋转的角度。就一个点位而言，没有旋转的概念。旋转是指以该位置点为基准，以抓手为刚体，绕世界坐标系的 X、Y、Z 轴旋转。这样，即使同一个位置点，抓手的形位也有多种变化。注意，X、Y、Z、A、B、C 全部以世界坐标系为基准。

③ L1，L2——附加轴（伺服轴）定位位置。

④ FL1——结构标志，用一组二进制数表示，用不同的位（bit）表示上、下、左、右、高、低位置（图 7-5）。

⑤ FL2——结构标志，用一组十六进制数表示各关节轴旋转角度（图 7-6）。

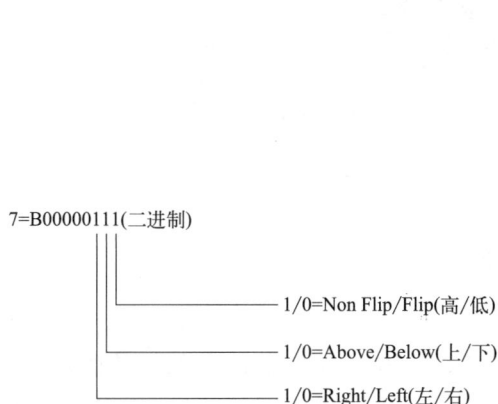

图 7-5　表示 FL1 的二进制数

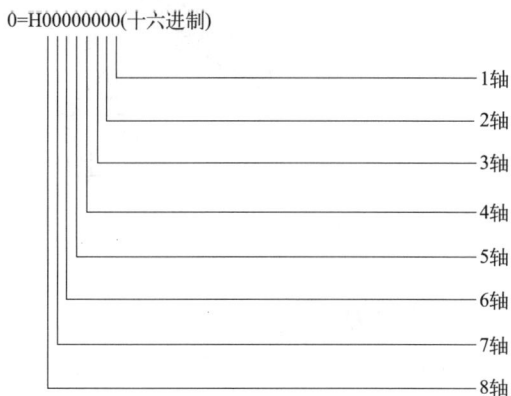

图 7-6　表示 FL2 的十六进制数

7.3 结构标志 FL1

由于机器人结构的特殊性，即使是同一位置点，机器人也可能出现不同的形位。为了区别这些形位，采用了结构标志 FL1。

7.3.1 垂直多关节型机器人

（1）左/右判定

① 5 轴机器人：以 J1 轴旋转中心线为基准，判定 J5 轴法兰面中心点 P 位于该中心线的左边还是右边。如果在右边（Right），则 FL1bit2＝1；如果在左边（Left），则 FL1bit2＝0 ［图 7-7 (a)］。

② 6 轴机器人：以 J1 轴旋转中心线为基准，判定 J5 轴中心点 P 位于该中心线的左边还是右边。如果在右边（Right），则 FL1bit2＝1；如果在左边（Left），则 FL1bit2＝0 ［图 7-7 (b)］。

（2）上/下判定

① 5 轴机器人：以 J2 轴和 J3 轴旋转中心的连线为基准，判定 J5 轴中心点 P 是位于该中心连线的上面还是下面。如果在上面（Above），则 FL1bit1＝1；如果在下面（Below），则 FL1bit1＝0 ［图 7-8 (a)］。

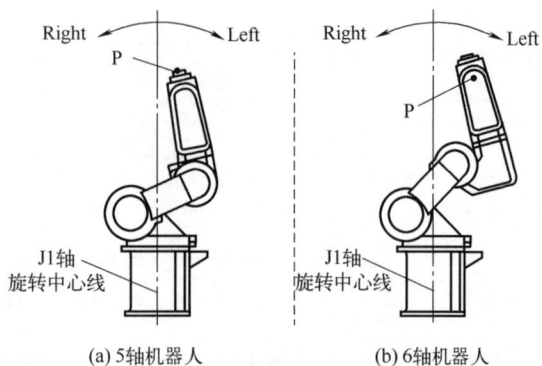

图 7-7　左/右判定

② 6 轴机器人：以 J2 轴和 J3 轴旋转中心的连线为基准，判定 J5 轴中心点 P 是位于该中心连线的上面还是下面。如果在上面（Above），则 FL1bit1＝1；如果在下面（Below），则 FL1bit1＝0 ［图 7-8 (b)］。

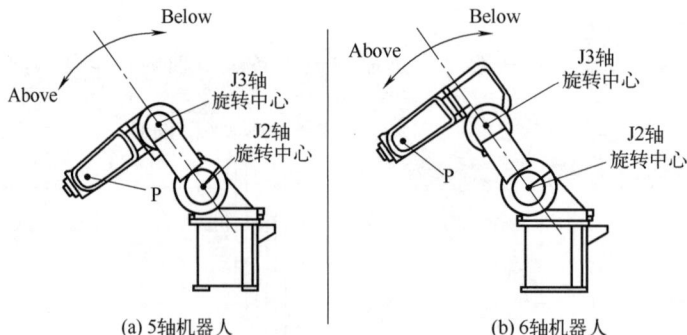

图 7-8　上/下判定

（3）高/低判定

针对 6 轴机型，以 J4 轴和 J5 轴旋转中心的连线为基准，判定 J6 轴的法兰面是位于该中心连线的上面还是下面。如果在下面（Non Flip），则 FL1bit0＝1；如果在上面（Flip），则 FL1bit0＝0（图 7-9）。

7.3.2　水平运动型机器人

以 J1 轴和 J2 轴旋转中心的连线为基准，判定机器人前端位置点是位于该中心连线的左面还是右面。如果在右面（Right），则 FL1bit2＝1；如果在左面（Left），则 FL1bit2＝0（图 7-10）。

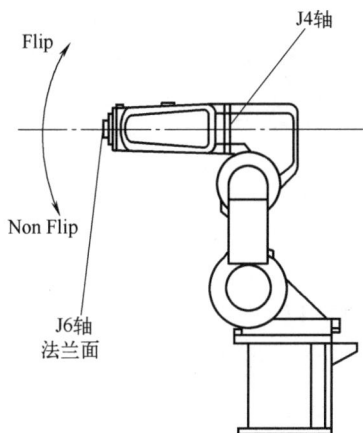

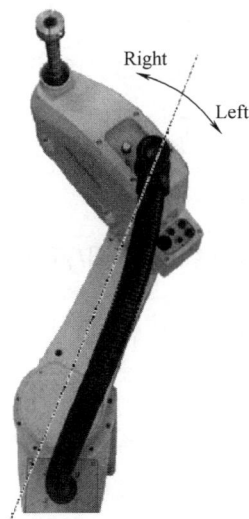

图 7-9　高/低判定　　　　图 7-10　水平运动型机器人的 FL1 标志

7.4　结构标志 FL2

各关节轴旋转角度与十六进制数之间的关系见表 7-1。

表 7-1　各关节轴旋转角度与十六进制数之间的关系

各轴角度	$-900°\sim-540°$	$-540°\sim-180°$	$-180°\sim0°$	$0°\sim180°$	$180°\sim540°$	$540°\sim900°$
FL2 数据	-2(E)	-1(F)	0	0	1	2

以 J6 轴为例：旋转角度＝$-180°\sim180°$，FL2＝H00000000；旋转角度＝$180°\sim540°$，FL2＝H00100000；旋转角度＝$540°\sim900°$，FL2＝H00200000；旋转角度＝$-540°\sim-180°$，FL2＝H00F00000；旋转角度＝$-900°\sim-540°$，FL2＝H00E00000。

7.5　位置点的计算方法

7.5.1　位置数据的乘/除法

位置数据的乘法运算表达式如下：

$$P100＝P1 * P2$$

位置数据的乘法运算实际是变换到 TOOL 坐标系的过程。P1 点是在世界坐标系中确定的点，将 P1 点作为 TOOL 坐标系中的原点，P2 点是 TOOL 坐标系中的坐标点，如图

7-11 所示。注意，P1 点和 P2 点的排列顺序不同，意义也不一样。

乘法运算就是在 TOOL 坐标系中的加法运算，除法运算就是在 TOOL 坐标系中的减法运算。乘法运算经常用于根据当前点的位置计算下一点的位置，因此特别重要，使用者需要仔细体会。

样例

```
1 P1=（200,150,100,0,0,45)(4,0)'  P1 点数值
2 P2=（10,5,0,0,0,0)(0,0)'  P2 点数值
3 P100= P1* P2'  P1 点与 P2 点的乘法运算
4 Mov P1'  前进到 P1 点
5 Mvs P100'  直线前进到 P100 点
```

7.5.2　位置数据的加/减法

位置数据的加法运算表达式如下：

$$P100 = P1 + P2$$

位置数据的加法运算是以机器人世界坐标系为基准，以 P1 点为起点，P2 点为坐标点进行的加法运算（图 7-12），减法运算可以理解为以 P1 点为起点，P2 点为坐标点进行的减法运算。

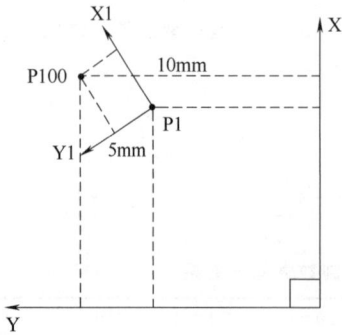

图 7-11　位置数据的乘法

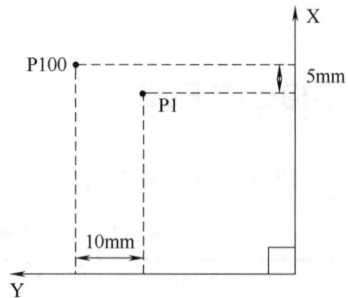

图 7-12　位置数据的加法

样例

```
1 P1=（200,150,100,0,0,45)(4,0)'  P1 点数值
2 P2=（5,10,0,0,0,0)(0,0)'  P2 点数值
3 P100= P1+ P2'  P1 点与 P2 点的加法运算
4 Mov P1'  前进到 P1 点
5 Mvs P100'  直线前进到 P100 点
```

从本质上来讲，位置数据的乘法与加法的区别在于各自依据的坐标系不同，但都是以第 1 点为基准，第 2 点作为绝对值增量进行运算。

第 **8** 章　示教单元的丰富功能

本章将对示教单元的功能进行深度讲解，即使在没有电脑的情况下，只要有示教单元就可以进行编程、调试、参数设置，驱动机器人正常运行。

视频11
示教单元各工作界面及操作方法

8.1　整列功能

整列功能就是使机器人的抓手就近回到距离当前位置最近的 90°方向，如图 8-1 所示。在实际应用中，如果需要抓手迅速对准工件，这是一种快捷的方法。

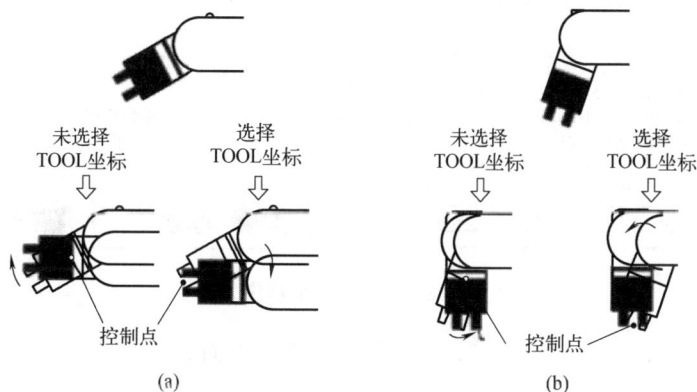

图 8-1　整列功能示意

如果没有设置 TOOL 坐标系，经过整列后，抓手到达图 8-1（a）和（b）中的前一个位置；如果设置 TOOL 坐标系，经过整列后，抓手到达图 8-1（a）和（b）中的后一个位置。可以看到，是以控制点为基准，控制点位置不变，抓手的位置发生改变。具体操作步骤如下。

① 选择手动模式。

② 将［TB ENABLE］开关按下，确认［ENABLE］灯亮，这时示教单元为有效状态。

③ 将三位置使能开关轻拉至中间位置并保持在该位置。

④ 按下［SERVO］键，等待［SERVO］绿灯亮。稍后可听见"滴"的一声，表示机器人伺服系统＝ON。

⑤ 按下［HAND］键，显示抓手界面（图8-2）。

⑥ 按下并保持（按下）对应"整列"的功能键［F2］，机器人动作，执行"整列"动作（图8-3）。

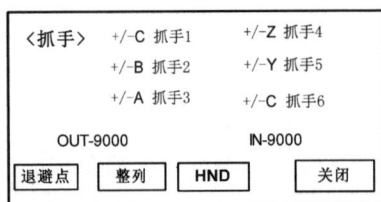

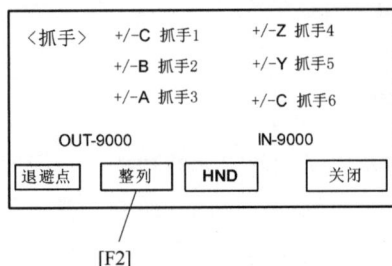

图8-2　抓手界面　　　　　　　　　　　　　　　图8-3　选择执行"整列"动作

8.2　程序编辑

示教单元的重要功能之一是可以编程，不使用编程软件也可以完成程序编辑的相关任务（相关指令将在后面章节中学习）。以下是编辑程序的步骤。

① 上电后按［EXE］键进入菜单界面，选择进入管理/编辑界面。

② 按下对应"新建"的功能键［F3］，进入图8-4所示界面。

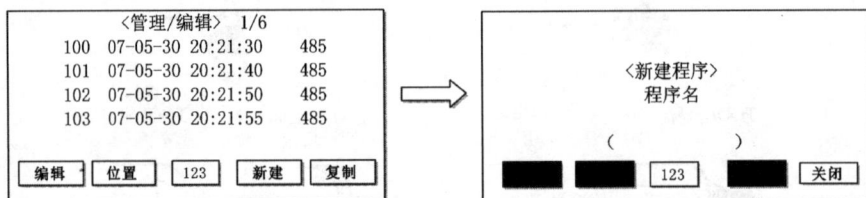

图8-4　新建一个程序

③ 输入程序名，按［EXE］键，进入图8-5所示界面。

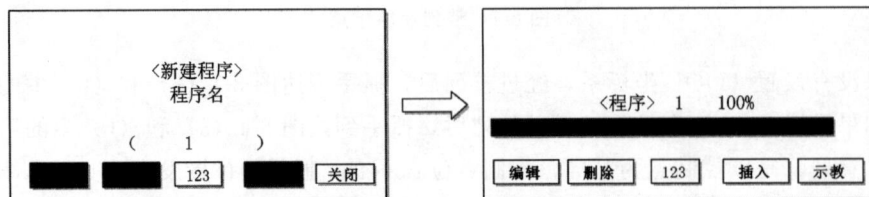

图8-5　对新程序命名

④ 进行指令编辑。

样例

```
1   Mov P1
2   Mov P2
3   End
```

a. 按下对应"插入"的功能键［F3］，进入插入编辑状态（图 8-6）。

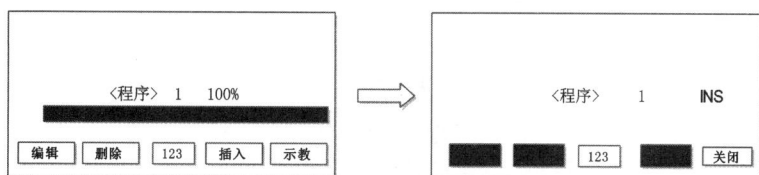

图 8-6　程序插入编辑界面

b. 输入步序号，按［CHARACTER］键，选择数字输入，输入数字"1"，进入图 8-7 所示界面。

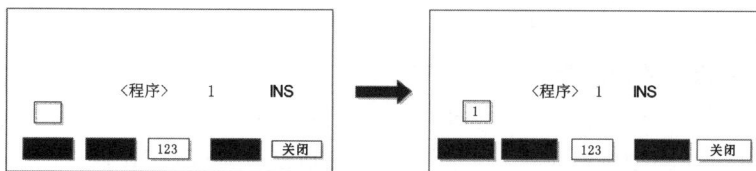

图 8-7　程序步序号输入编辑界面

c. 输入"MOV P1"指令。注意在"MOV"和"P1"之间有空格（图 8-8）。

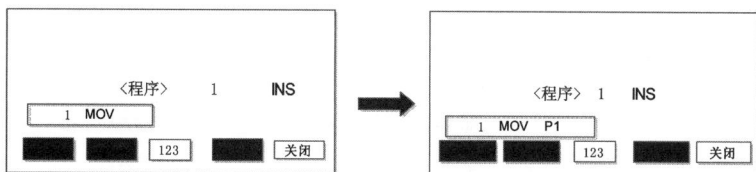

图 8-8　程序输入界面

d. 在输入程序指令后，还要进行确认操作，即对输入的程序指令进行确认。操作为：选定程序行（例如选择 1 MOV　P1），按［EXE］键。如图 8-9 所示，光标移到下一行。用同样的方法操作，可以对所有的程序行进行确认。

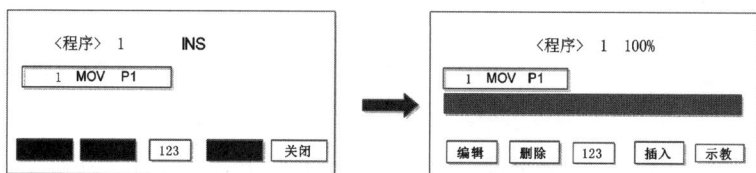

图 8-9　程序输入确认界面

⑤ 在编程结束后，选择"关闭"（图 8-10），即可回到上一级菜单。

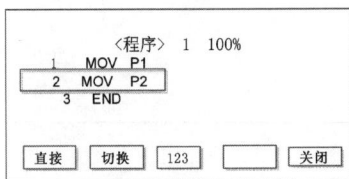

图 8-10　回到上一级菜单

视频12
如何使用示教单元编制及输入程序？

8.3　程序修正

程序修正是经常性的工作，例如将" MOV P5"修改为"MVS　P5"的步骤如下。
① 进入需要修改的程序界面。
② 选择需要修改的程序行"5 MOV P5"。
③ 按下［编辑］键，进入修改界面，如图 8-11 所示。
④ 输入 MVS　指令，再按下［EXE］键，确认修改完成，如图 8-12 所示。
⑤ 按［关闭］键，保存修改的程序。

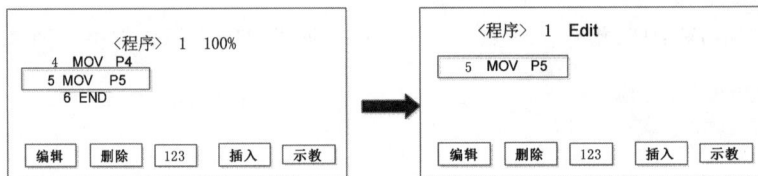

图 8-11　程序修改界面

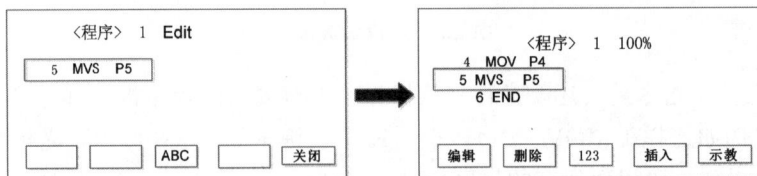

图 8-12　程序修改完成界面

8.4　示教操作

本操作就是要将当前点设置为自动程序中的一个工作点，这是示教单元最重要的工作之一。在实际工作中，可以观察到机器人的工作点位置（例如 P1 点或 P2 点），但具体的坐标数值不知道。利用 JOG 功能，将机器人直接移动到 P1 点，在显示屏上就可以读出 P1 点的数据，同时就可以将当前点设置为程序中的 P1 点，这个过程就是"示教"。

视频13
如何使用示教单元执行示教操作？

现以 P5 点为例，讲解示教操作过程。

（1）在指令编辑界面进行的示教操作

① 使用 JOG 功能，将机器人直接移动到（预定的）P5 点，并在显示屏上观察当前点的数据。

② 在指令编辑界面选择程序行"5 MOV P5"。

③ 按下对应示教功能的 [F4] 键，进入示教确认界面，如图 8-13 所示。

④ 按下 [是] 键，当前点被设置为 P5 点，同时返回上一级程序编辑界面，如图 8-14 所示。示教操作完成。

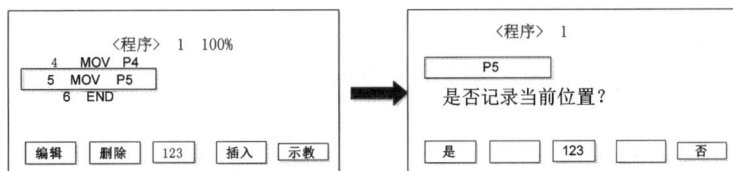

图 8-13 进入示教确认界面

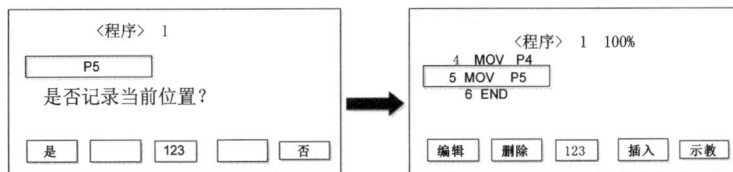

图 8-14 示教点确认

（2）在位置编辑界面进行的示教操作

位置编辑界面是专门对各位置点进行编辑的界面，可以在位置编辑界面调出各位置点，利用示教功能进行设置。操作步骤如下。

① 使用 JOG 功能，将机器人直接移动到（预定的）P5 点，并在显示屏上观察当前点的数据。

② 在指令编辑界面按下 [切换] 键进入位置编辑界面，如图 8-15 所示。

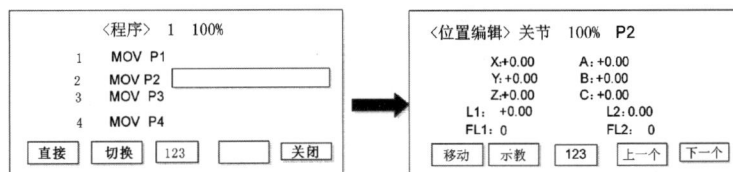

图 8-15 进入位置编辑界面

③ 使用［上一个］［下一个］键调出 P5 点，如图 8-16 所示。

④ 按下对应示教功能的［F2］键，进入示教确认界面，如图 8-17 所示。

⑤ 按下［是］键，当前点被设置为 P5 点，如图 8-18 所示。示教操作完成。

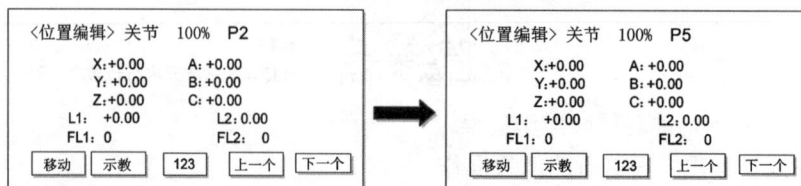

图 8-16　调出 P5 点

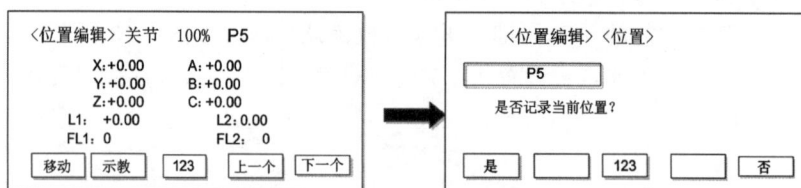

图 8-17　进入示教确认界面

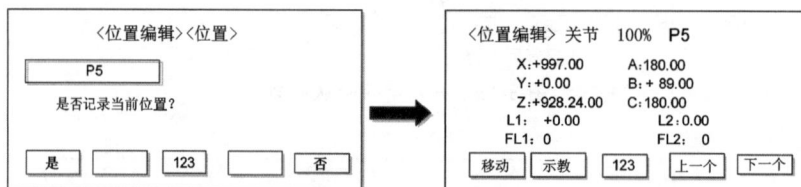

图 8-18　设置 P5 点

8.5　向预先确定的位置移动

在实际现场，可能会要求机器人直接向一个确定的点运动，例如对一个点进行反复调整，使用示教单元可以实现这一要求，操作步骤如下。

① 伺服 ON。

② 进入位置编辑界面，调出预想位置点，图 8-19 中为 P1 点。

③ 按住对应"移动"功能的［F1］键，直到机器人移动到 P1 点。

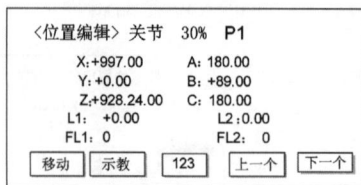

图 8-19　调出预想位置点

8.6 位置数据的手动输入（MDI）

如果需要调整位置点的某一轴数据，可以使用手动数据输入（MDI）功能，操作步骤如下（修改 P50 点数据）。

① 进入位置编辑界面，调出 P50 点，如图 8-20 所示。

② 在"Z"位置输入"50"，按下 [EXE] 键，如图 8-21 所示。

③ 修改完成。

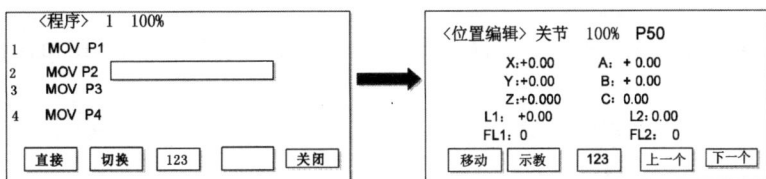

图 8-20 调出 P50 点

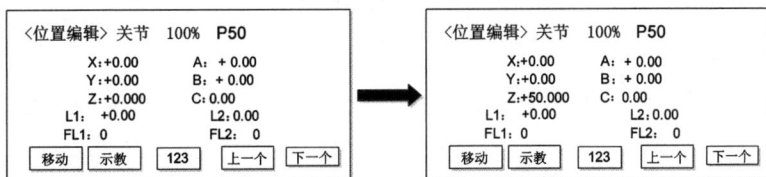

图 8-21 "Z"位置输入"50"

8.7 调试功能

使用示教单元也可进行程序调试。

8.7.1 单步运行

单步运行是程序调试中最常用的功能，操作步骤如下。

① [菜单]→[管理/编辑]→[编辑]，进入程序编辑界面，如图 8-22 所示。

② 按下对应"前进"功能的 [F1] 键，机器人执行光标所在的程序行的动作后停止。

③ 每按一次 [F1] 键，单步执行一程序行。

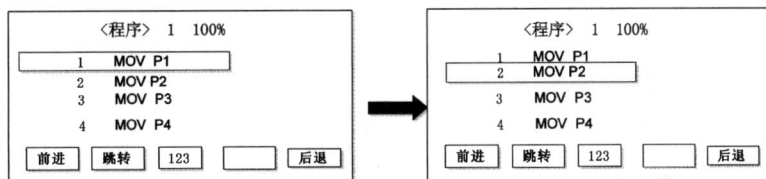

图 8-22 进入程序编辑界面

8.7.2　程序逆向运行

一般程序运行是按程序行号顺向运行的，在下面的程序中，程序运行的顺序是 P1→P2→P3→P4。

样例

```
1 MOV  P1
2 MOV  P2
3 MOV  P3
4 MOV  P4
```

程序逆向运行则是运行到 P4 点后，再一步一步按 P4→P3→P2→P1 的顺序运行，如图 8-23 所示。

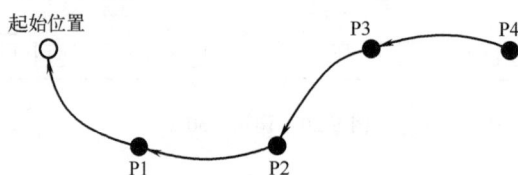

图 8-23　逆向运行示意

操作步骤如下。

① 程序当前行是"4　MOV P4"，到达了 P4 点。进入程序编辑界面，如图 8-24 所示。

② 按下对应"后退"功能的［F4］键，直到程序执行到第 3 行"3 MOV P3"。

③ 每按下对应"后退"功能的［F4］键，程序后退一行。

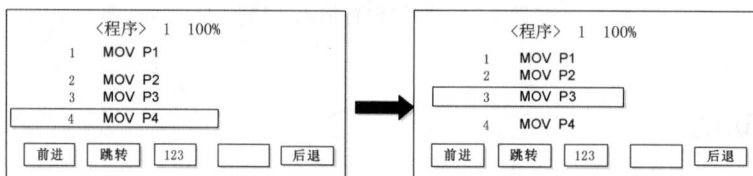

图 8-24　进入程序编辑界面

8.7.3　跳转

如果希望执行某一指定的程序行，可以直接从当前行转到指定行，这就是跳转功能，操作步骤如下。

① 进入程序编辑界面，如图 8-25 所示。

② 按下对应"跳转"功能的［F2］键，进入跳转程序行号确认界面。

③ 设置希望跳转的程序行号（例如程序行号＝5）。

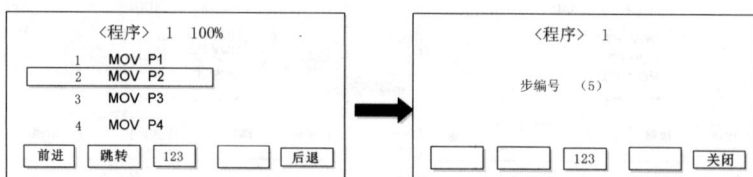

图 8-25　进入程序编辑界面

④ 光标跳转到第 5 步程序行（图 8-26）。

⑤ 按下［前进］键，程序单步执行。

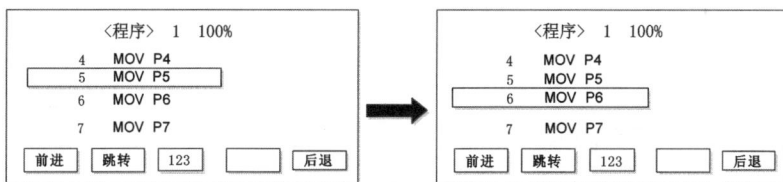

图 8-26　光标跳转到第 5 步程序行

视频14
如何使用示教单元调试程序？

8.8　高级编程管理功能

主菜单如图 8-27 所示。

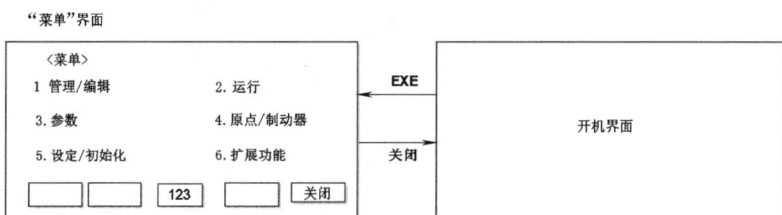

图 8-27　主菜单

8.8.1　管理/编辑

本功能是建立新的运动程序或对原有的程序进行编辑（图 8-28）。

① 建立一个新的程序。

② 编辑原有程序。

③ 编辑位置点。

④ 复制程序。

⑤ 重命名程序。

⑥ 删除程序。

⑦ 保护程序。

8.8.2　运行

本功能用于运行一个选定的程序（图 8-29）。

（1）确认操作

用于执行某一程序行的动作，确认该程序行是否正确，是否到达预定的位置。

"管理/编辑"界面

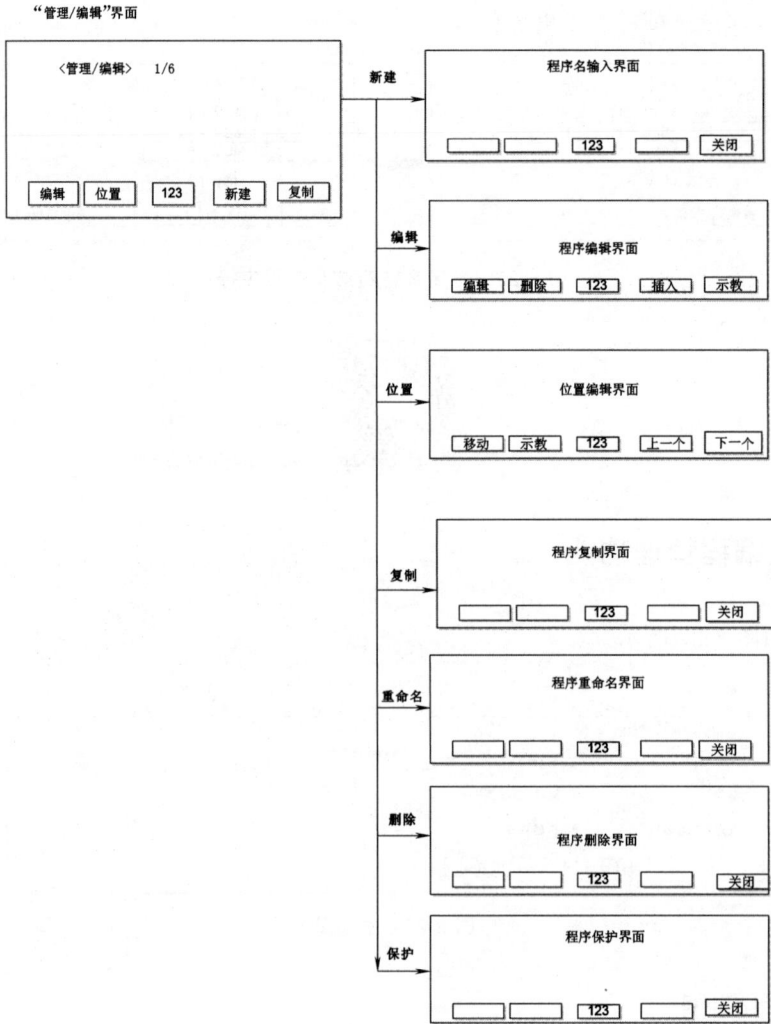

图 8-28 管理/编辑功能

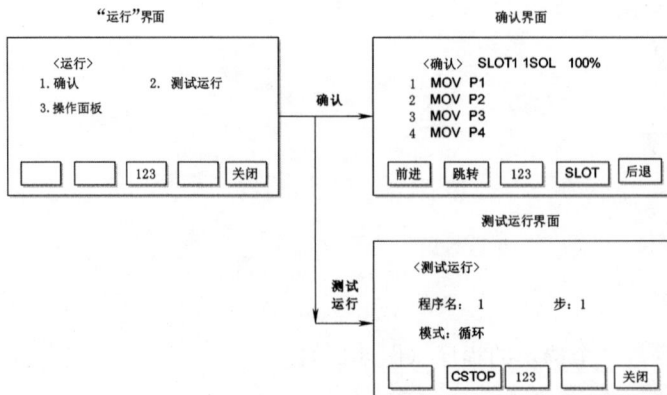

图 8-29 运行功能

① 前进——按顺序选择程序行。

② 跳转——跳转到指定的程序行。

③ 后退——反向运行。

（2）测试运行

对选择的程序进行测试，有连续运行和循环运行两种模式。

8.8.3 参数设置修改

本功能用于设置和修改参数（图 8-30）。

图 8-30 参数设置修改功能

8.8.4 原点/制动器设置

本功能用于设置原点和制动器（图 8-31）。

（1）原点设置

设置原点的方法参见 6.1 节和 6.2 节。

（2）制动器设置

制动器设置即是否解除各伺服电机的抱闸功能。因为解除抱闸有危险，可能导致机器人某个轴坠落，所以必须特别小心。

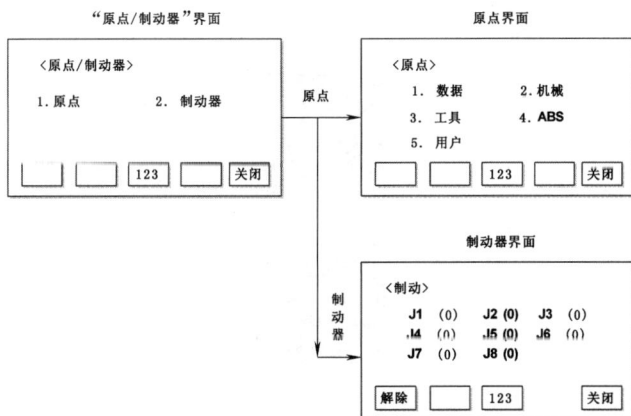

图 8-31 原点/制动器设置功能

8.8.5 初始化

本功能用于对程序、参数、电池使用时间执行初始化处理（图 8-32）。

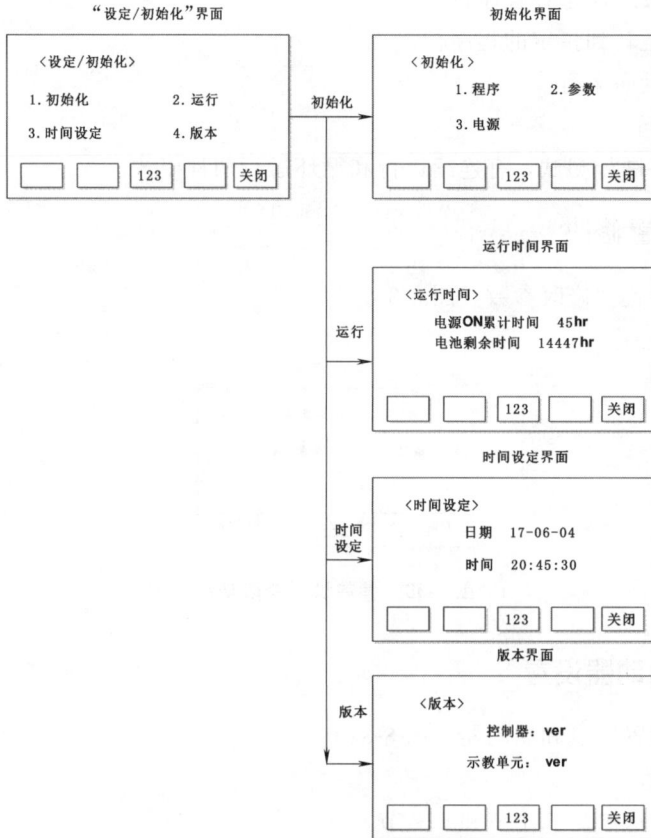

图 8-32 初始化功能

① 程序——删除所有程序。

② 参数——参数回到出厂值。

③ 电源——清除电池使用时间。

视频15
如何使用示教单元启动和操作程序？

视频16
什么是退避点？如何执行回退避点操作？

编程篇

第 9 章 编程指令的学习和使用

本章将学习编程指令，这些指令是构成自动程序的基础。

9.1 MELFA-BASIC V编程语言的一些规定

MELFA-BASIC V是三菱工业机器人所使用的编程语言，各品牌的机器人所使用的编程语言大同小异，学会了一种编程语言，再学习其他编程语言就很方便了。在使用MELFA-BASIC V前，需要学习其相关知识。

（1）程序名

程序名可以使用英文字母及数字，使用程序选择功能时，则仅使用数字作为程序名。

（2）程序行

程序行由以下几部分构成：

$$\underset{①}{\underline{1}} \quad \underset{②}{\underline{Mov}} \quad \underset{③}{\underline{P1}} \quad \underset{④}{\underline{Wth\ M\_Out(17)=1}}$$

① 步序号或称程序行号；

② 指令；

③ 指令执行的对象——变量或数据；

④ 附随语句。

（3）变量

编程语言中对指令执行的对象使用了大量的变量。机器人系统中使用的变量可以分为以下几类（图 9-1）。

系统变量是有系统反馈的、表示系统工作状态的变量，变量名称和数据类型都是预先规定了的。系统管理变量是表示系统工作状态的变量，在自动程序中只用于表示系统工作状态，例如当前位置 P_Curr。用户管理变量是用户可以对其处理的系统变量，例如输出信号 M_Out(17)=1，用户在自动程序中可以指令输出信号 ON/OFF。

用户自定义变量的名称及使用场合由用户自行定义，是使用最多的变量类型。直交型变量以 P 开头，例如 P1、P20。关节型变量以 J 开头，例如 J1、J10。数值变量以 M 开头，例如 M1=0.345。字符串变量在变量名后加 $，例如 C1 $ ="OPENDOOR"，即变

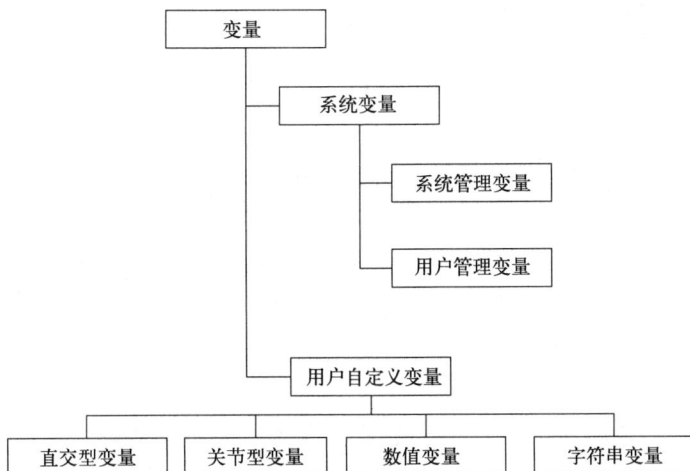

图 9-1　变量的分类

量 C1＄表示的是字符串"OPENDOOR"。

（4）英文大小写

指令字母可大写或小写，无区别。

（5）下划线（_）

下划线标注全局变量。全局变量是全部程序都使用的变量，在变量的第二个字母位置用下划线表示时，这种类型变量即为全局变量，例如 P_Curr，M_01，M_ABC。

（6）撇号（'）

撇号后面的文字为注释。

（7）星号（*）

星号在程序分支处作标签（指针）时，必须放在第一位，例如 200　*KAKUNIN。

（8）逗号（,）

逗号用于分隔参数、变量中的数据，例如 P1＝（200，150，…）。

（9）点号（.）

点号用于标识成分数据，例如 M1＝P2.X。

（10）空格

① 在字符串及注释文字中，空格是有意义的。

② 在行号后，必须有空格。

③ 在指令后，必须有空格。

④ 数据划分，必须有空格。

9.2　关节插补

关节插补是机器人运动的常见方式之一。机器人在从起点（当前点）向终点运行时，以各轴旋转等量角度的联动方式实现从起点（当前点）到达终点。因此，关节插补要点之一是各关节的等量旋转，要点之二是各轴联动。关节插补的运行轨迹无法确切描述。

（1）指令格式及说明

Mov＜终点＞［，＜近点＞］［轨迹类型 Type＜常数 1＞，Type＜常数 2＞］［＜附随语句＞］

①"终点"指目标点。

②"近点"指接近终点的一个点。在实际工作中，往往需要快进到终点的附近，再慢速运动到终点。近点在终点 Z 轴方向的位置，根据符号确定是上方还是下方。使用近点设置，是一种快速定位的方法。近点是快进与工进的分界点。

③"轨迹类型"用于设置运行轨迹。

④"附随语句"是指在执行 Mov 指令时，同时执行其他指令。

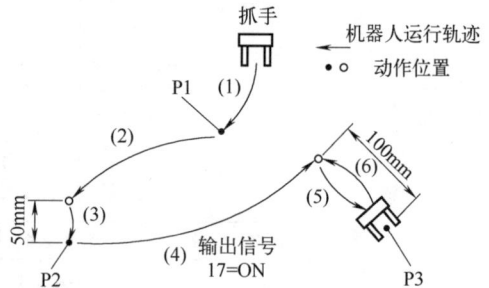

图 9-2　Mov 指令的运行轨迹

（2）样例

图 9-2 所示运行轨迹的程序如下。

```
1 Mov P1'  移动到 P1 点
2 Mov P2,-50'  移动到 P2 点上方 50mm 位置点即近点
3 Mov P2'  移动到 P2 点
4 Mov P3,-100,Wth  M_Out(17)= 1'  移动到 P3 点上方 100mm 的近点,同时指令输出信号
(17)= ON。
5 Mov P3'  移动到 P3 点
6 Mov P3,-100'  移动到 P3 点上方 100mm 位置点
7 End'  程序结束
```

注意，近点位置以 TOOL 坐标系的 Z 轴方向确定。

视频17
讲解关节插补指令

9.3　直线插补

直线插补也是从当前点向终点运动的形式。其特点是运行轨迹为直线，这是与关节插补 Mov 指令最大的不同之处。直线插补的运动指令为 Mvs。在需要有明确的直线运行轨迹时，必须使用直线插补指令。

（1）指令格式及说明

格式 1

Mvs＜终点＞，＜近点距离＞［＜轨迹类型＞，＜插补类型＞］［＜附随语句＞］

格式 2

Mvs＜离开距离＞［＜轨迹类型＞，＜插补类型＞］［＜附随语句＞］

注意，这是从终点退回近点使用的简易指令格式。

①"终点"指目标点。

②"近点距离"是以 TOOL 坐标系的 Z 轴为基准，到终点的距离。实际上是一个接近点，往往用作快进与工进的分界点。

③"轨迹类型"：常数＝1 时绕行；常数＝0 时捷径。绕行指按示教轨迹，可能大于180°轨迹运行；捷径指按最短轨迹，即小于 180°轨迹运行。

④"插补类型"：常数＝0 时关节插补；常数＝1 时三轴直交插补；常数＝2 时通过特异点。

⑤"离开距离"是以 TOOL 坐标系的 Z 轴为基准，离开终点的距离。这是一个快捷指令。

Mvs 指令的运行轨迹如图 9-3 所示。

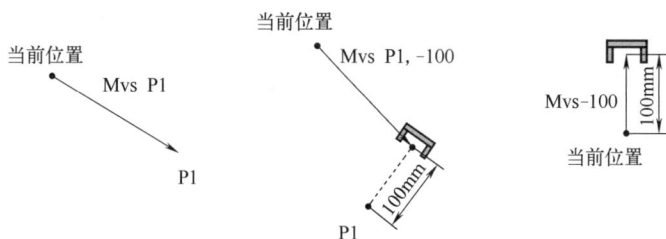

图 9-3　Mvs 指令的运行轨迹

（2）样例

① 向终点做直线运动。

```
1  Mvs P1
```

② 向近点做直线运动，实际到达近点，同时指令输出信号（17）＝ON。

```
1 Mvs P1,-100.0 Wth M_Out(17)= 1
```

③ 向终点做直线运动（终点＝P4＋P5，终点经过加运算），实际到达近点，同时如果输入信号（18）＝ON，则指令输出信号（20）＝ON。

```
1  Mvs P4+ P5,50.0 WthIf M_In(18)= 1,M_Out(20)= 1
```

④ 从当前位置沿 TOOL 坐标系 Z 轴方向移动 100mm。

```
Mvs ,-100
```

视频18
讲解直线插补指令

9.4　真圆插补

真圆插补是指机器人的运行轨迹为一真圆，需要指定起点和真圆中的另外两个点。Mvc 指令的运行轨迹如图 9-4 所示。

（1）指令格式及说明

Mvc＜起点＞，＜通过点 1＞，＜通过点 2＞［＜附随语句＞］

① Mvc 指令的运行轨迹是由指定的三个点构成完整的真圆。

② 真圆插补的形位为起点形位，通过其余两点的形位不计。

③ 从当前位置开始到 P1 点是直线插补轨迹。

（2）样例

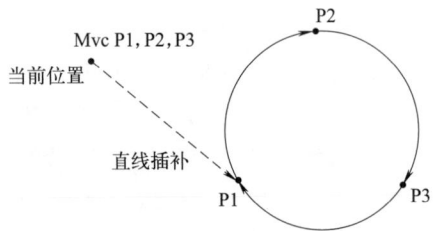

图 9-4　Mvc 指令的运行轨迹

```
1 Mvc P1,P2,P3' 真圆插补
2 Mvc P1,J2,P3' 真圆插补
3 Mvc P1,P2,P3 Wth M_Out(17) = 1' 真圆插补同时指令输出信号（17）= ON
4 Mvc P3,(Plt 1, 5),P4 WthIf M_In(20) = 1, M_Out(21) = 1' 真圆插补同时如果输入信号（20）= ON，则指令输出信号（21）= ON
```

视频19
讲解真圆（圆弧）插补指令

9.5　启动和停止信号

将以上的指令输入机器人控制器后，如何发出启动和停止信号呢？这就必须给输入/输出端子赋予功能，在没有赋予功能之前，即使输入/输出端子已经接线完毕，仍然是"空白"的。对输入/输出端子赋予功能的方法是设置参数，使用 RT 软件可以进行参数设置，操作方法如下。

① 将电脑连接到机器人控制器，打开 RT 软件。

② 点击［离线］→［参数］→［信号参数］→［专用输入输出信号分配］→［通用1］弹出如图 9-5 所示的界面，在专用输入/输出信号设置窗口内，可以设置相关的输入/输出信号。

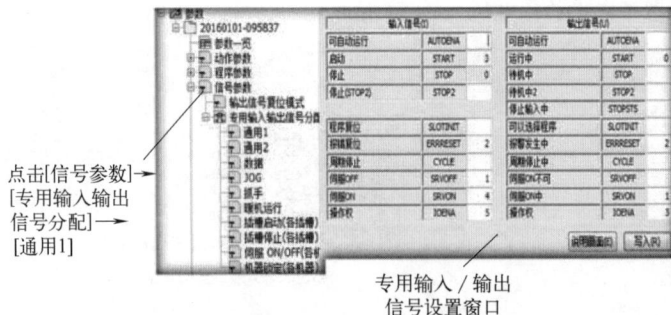

图 9-5　设置输入/输出信号

③ 将"启动（START）"对应的输入端子设置为"3"，将"停止（STOP）"对应的输入端子设置为"0"。将这两个输入端子分别与操作面板上的按钮开关相连。

④ 在安全的状态下，分别按下启动和停止按钮，观察运动状态。

9.6 伺服系统的 ON/OFF

（1）指令格式及说明

Servo＜On/Off＞［＜机器人编号＞］

Servo On 指令应写在程序的第一行，这样在自动程序运行的开始就使伺服＝ON。很多情况下，自动程序不运行，是因为既没有手动设置伺服＝ON，在自动程序中又没有写入 Servo On 指令。

（2）样例

```
1 Servo On'  伺服= ON
2 * L20:If M_Svo< > 1 GoTo* L20'  等待伺服= ON
3 Spd M_NSpd'  设置速度
4 Mov P1'  前进到 P1 点
5 Servo Off'  伺服= OFF
```

视频20
讲解伺服ON指令

9.7 三维圆弧插补

Mvr 指令为三维圆弧插补指令，需要指定起点和圆弧中的通过点与终点，运行轨迹是一段圆弧，如图 9-6 所示。

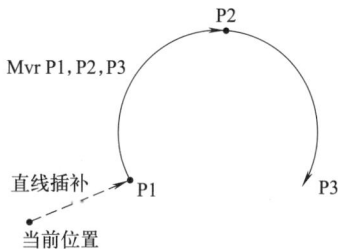

图 9-6 Mvr 指令的运行轨迹

（1）指令格式及说明

Mvr＜起点＞,＜通过点＞,＜终点＞[＜轨迹类型＞,＜插补类型＞][＜附随语句＞]

① "起点" 是圆弧的起点。

② "通过点" 是圆弧上的一个点。

③ "终点" 是圆弧的终点。

④ "轨迹类型" 规定运行轨迹是捷径还是绕行。常数＝0 时运行轨迹为捷径；常数＝1 时运行轨迹为绕行。

⑤ "插补类型" 规定是关节插补还是三轴直交插补还是通过特异点。常数＝0 时关节

插补；常数＝1时三轴直交插补；常数＝2时通过特异点。
（2）样例

```
1 Mvr P1,J2,P3' 三维圆弧插补
2 Mvr P1,P2,P3 Wth M_Out(17)= 1' 三维圆弧插补,同时指令输出信号(17)= ON
3 Mvr P3,(Plt 1,5),P4 WthIf M_In(20)= 1,M_Out(21)= 1' 三维圆弧插补,同时如果输入信号(20)= ON,则指令输出信号(21)= ON
```

9.8 两点型圆弧插补

Mvr2 指令是两点型圆弧插补指令，需要指定起点和终点以及参考点。运行轨迹是一段只通过起点和终点的圆弧，不实际通过参考点，参考点只用于构成圆弧轨迹，如图 9-7 所示。

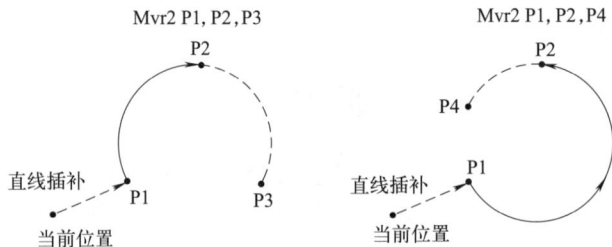

图 9-7　Mvr2 指令的运行轨迹

（1）指令格式及说明
Mvr2＜起点＞,＜终点＞,＜参考点＞[＜轨迹类型＞,＜插补类型＞][＜附随语句＞]
① "轨迹类型"：常数＝1时绕行；常数＝0时捷径。
② "插补类型"：常数＝0时关节插补；常数＝1时三轴直交插补；常数＝2时通过特异点。
（2）样例

```
1 Mvr2 P1,P2,P3' 两点型圆弧插补
2 Mvr2 P1,J2,P3' 两点型圆弧插补
3 Mvr2 P1,P2,P3 Wth M_Out(17)= 1' 两点型圆弧插补,同时指令输出信号(17)= ON
4 Mvr2 P3,(Plt 1,5),P4 WthIf M_In(20)= 1,M_Out(21)= 1' 两点型圆弧插补,同时如果输入信号(20)= ON,则指令输出信号(21)= ON
```

9.9 三点型圆弧插补

Mvr3 指令是三点型圆弧插补指令，需要指定起点、终点和圆心点。运行轨迹是一段只通过起点和终点的圆弧，如图 9-8 所示。
（1）指令格式及说明
Mvr3　＜起点＞,＜终点＞,＜圆心点＞[＜轨迹类型＞,＜插补类型＞][＜附随语句＞]

Mvr3 P1,P2,P3

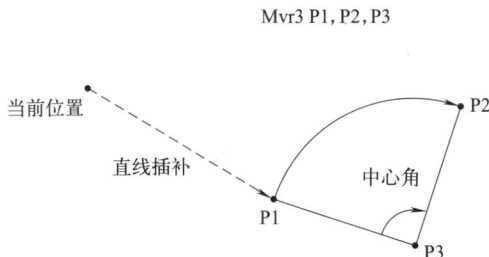

图 9-8 Mvr3 指令的运行轨迹

① "起点"是圆弧的起点。

② "终点"是圆弧的终点。

③ "圆心点"是圆弧的圆心。

④ "轨迹类型":常数＝1 时绕行;常数＝0 时捷径。

⑤ "插补类型":常数＝0 时关节插补;常数＝1 时三轴直交插补;常数＝2 时通过特异点。

（2）样例

```
1 Mvr3 P1,P2,P3'  三点型圆弧插补
2 Mvr3 P1,J2,P3'  三点型圆弧插补
3 Mvr3 P1,P2,P3 Wth M_Out(17)= 1'  三点型圆弧插补,同时指令输出信号(17)= ON
4 Mvr3 P3,(Plt 1,5),P4 WthIf M_In(20)= 1,M_Out(21)= 1'  三点型圆弧插补,同时如果输入
信号(20)= ON,则指令输出信号(21)= ON
```

视频21
观察一个典型的打磨程序

9.10 无条件跳转

GoTo 指令是无条件跳转指令。只要程序运行到 GoTo 指令,就无条件执行跳转。GoTo 指令必须指定跳转的目标位置。

视频22
讲解无条件跳转指令

9.11 判断-选择

判断-选择指令是根据条件执行程序分支跳转的指令,是改变程序流程的基本指令（图 9-9）。

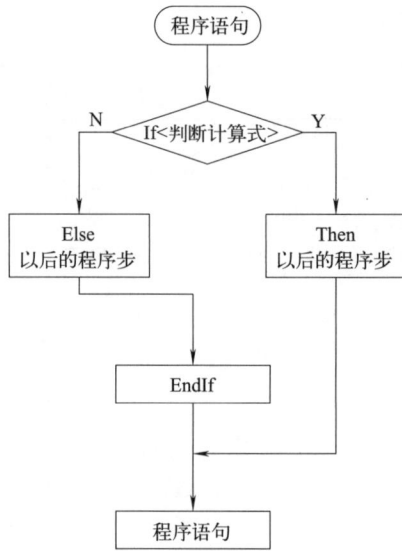

图 9-9　判断-选择指令流程图

（1）指令格式及说明

格式 1

If＜判断条件式＞Then＜流程 1＞　［Else＜流程 2＞］

这种指令格式是在程序一行里书写的判断-选择语句。若条件成立则执行 Then 后面的程序指令；若条件不成立，则执行 Else 后面的程序指令。

格式 2

如果判断-选择指令的处理内容较多，无法在一行程序里表示，可以使用以下指令格式。

If＜判断条件式＞

Then

＜流程 1＞

Else

＜流程 2＞］

EndIf

若条件成立，则执行 Then 后面的程序指令，直到 Else；若条件不成立，则执行 Else 后面到 EndIf 之间的程序指令。

① 多行型指令 If ... Then... Else... EndIf 必须书写 EndIf，不得省略，否则无法确定流程 2 的结束位置。

② 不要使用 GoTo 指令跳转到本指令之外。

③ 嵌套多级指令最大为 8 级。

④ 在对 Then 及 Else 的流程处理中，以 Break 指令跳转到 EndIf 的下一行（图 9-10）。

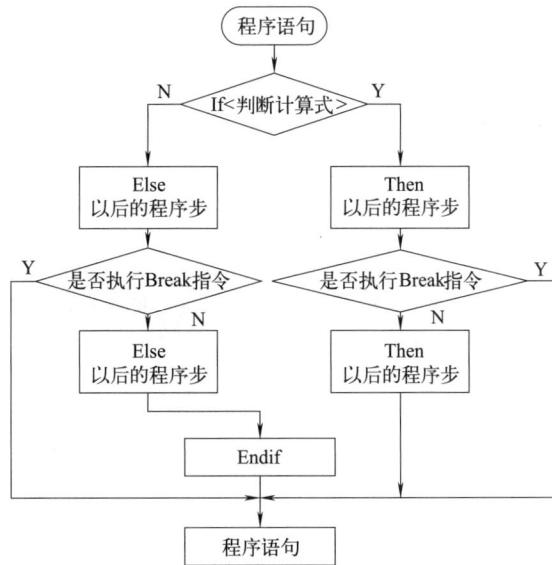

图 9-10　Break 指令的应用

（2）样例

样例 1

```
10 If M1> 10 Then * L100'  如果 M1> 10,则跳转到* L100 行
11 If M1> 10 Then GoTo* L20 Else GoTo* L30'  如果 M1> 10,则跳转到* L20 行,否则跳转到
* L30 行
```

样例 2

```
10 If M1> 10 Then'  如果 M1> 10,则
11 M1= 10'  赋值
12 Mov P1'  前进到 P1 点
13 Else  '  否则
14 M1= -10'  赋值
15 Mov P2'  前进到 P2 点
16 EndIf'  本指令结束
```

样例 3

```
30 If M1> 10 Then'  第 1 级判断-选择语句
31 If M2> 20 Then'  第 2 级判断-选择语句
32 M1 = 10'  赋值
33 M2 = 10'  赋值
34 Else'  否则
35 M1 = 0'  赋值
36 M2 = 0'  赋值
37 EndIf'  第 2 级判断-选择语句结束
38 Else'  否则
39 M1= -10'  赋值
400 M2= -10'  赋值
410 EndIf'  第 1 级判断-选择语句结束
```

样例 4

```
30 If M1> 10 Then'  如果 M1> 10,则
31 If M2> 20 Then Break'  如果 M2> 20就跳转出本级判断-选择语句(本例中为第 39 行)
32 M1= 10'  赋值
33 M2= 10'  赋值
34 Else'  否则
35 M1= -10'  赋值
36 If M2> 20 Then Break'  如果 M2> 20就跳转出本级判断-选择语句(本例中为第 39 行)
37 M2= -10'  赋值
38 EndIf'  结束判断指令
39 If M_BrkCq= 1 Then Hlt
40 Mov P1'  前进到 P1 点
```

视频23
讲解判断-选择指令

9.12 选择

选择指令用于根据不同的条件选择执行不同的程序块（图 9-11）。

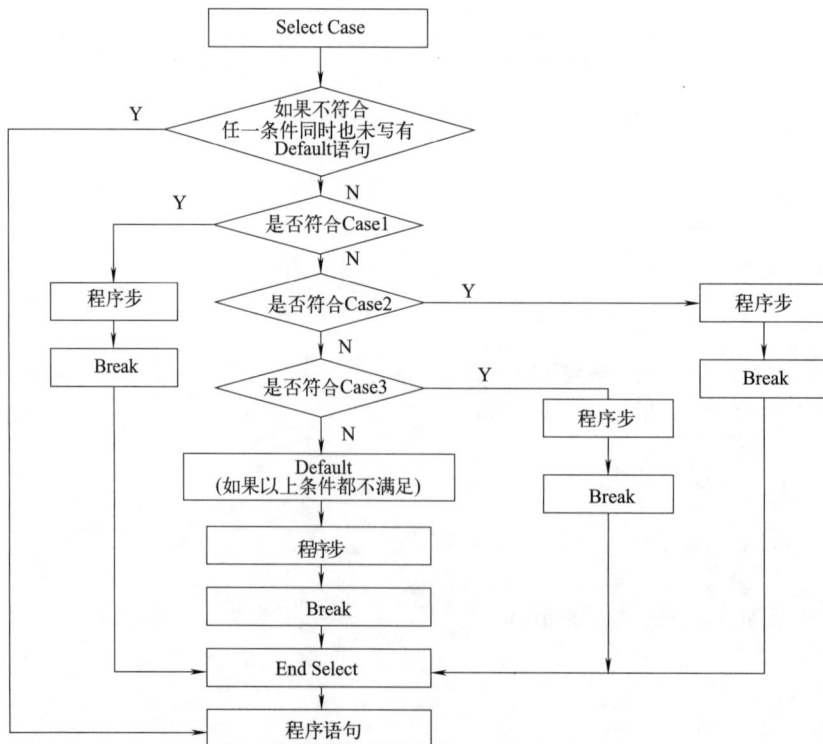

图 9-11 选择指令流程图

（1）指令格式及说明

Select ＜条件＞

Case ＜计算式＞

［＜处理＞］

Break

Case ＜计算式＞

［＜处理＞］

Break

Default

［＜处理＞］

Break

End Select

① "条件"为一个数学表达式。如果条件的数据与某个 Case 的数据一致，则执行到 Break 行后跳转到 End Select 行。

② 如果条件都不符合，就执行 Default 规定的程序。

③ 如果没有 Default 规定的程序，就跳转到 End Select 下一行。

（2）样例

```
1 Select MCNT
2 M1= 10
3 Case Is< = 10'  如果 MCNT ≤ 10
4 Mov P1'  前进到 P1 点
5 Break'  跳转到程序结束
6 Case 11'  如果 MCNT= 11 或 MCNT= 12
7 Case 12
8 Mov P2'  前进到 P2 点
9 Break'  跳转到程序结束
10 Case 13 To 18'  如果 13 ≤ MCNT ≤ 18
11 Mov P4'  前进到 P4 点
12 Break'  跳转到裎序结束
13 Default'  除上述条件以外
14 M_Out(10)= 1'  赋值
15 Break'  跳转到程序结束
16 End Select'  选择语句结束
```

9.13 有条件跳转

On GoTo 是有条件跳转指令（图 9-12）。

（1）指令格式及说明

On ＜条件计算式＞ GoTo＜程序行标签 1＞,＜程序行标签 2＞,…

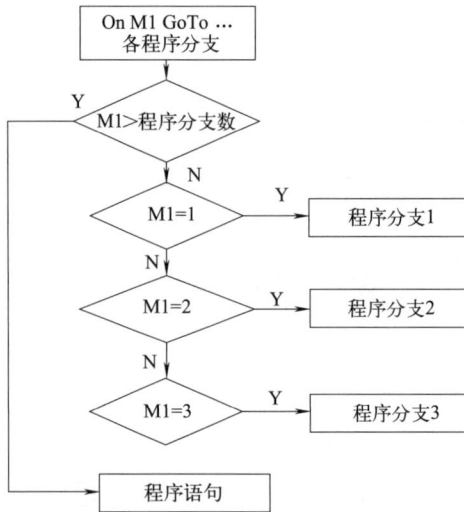

图 9-12　有条件跳转指令的流程图

本指令是根据不同条件跳转到不同程序分支处的指令。判断条件是计算式，可能有不同的计算结果，根据不同的计算结果跳转。

（2）样例

```
    1On M1 GoTo* ABC1,* LJMP,* LM1_345,* LM1_345,* LM1_345,* L67,* L67'  如果 M1= 1,
就跳转到＊ABC1 行;如果 M1= 2,就跳转到＊LJMP 行;如果 M1= 3,M1= 4,M1= 5 ,就跳转到＊LM1_345
行;如果 M1= 6,M1= 7,就跳转到＊L67 行
    11 Mov P500'  M1 不等于 1～7 就跳转到本行
    100 * ABC1'  程序分支标记
    101 Mov  P100'  前进到 P100 点
    ⋮
    110 Mov P200'  前进到 P200 点
    111 * LJMP'  程序分支标记
    112 Mov P300'  前进到 P300 点
    ⋮
    170 * L67'  程序分支标记
    171 Mov P600'  前进到 P600 点
    ⋮
    200 * LM1_345'  程序分支标记
    201 Mov P400'  前进到 P400 点
    ⋮
```

9.14　调用指定标记的子程序

（1）指令格式及说明

GoSub＜子程序标签＞

① 子程序前有 ∗ 标记，在子程序中必须要有返回指令 Return。GoSub 指令指定的子程序写在同一程序内，用标签标定起始行，以 Return 结束子程序并返回主程序，不能使用 GoTo 指令。

② 在子程序中还可使用 GoSub 指令，可以使用 800 段。

（2）样例

```
10 GoSub* LBL
11 End
⋮
100 * LBL
101 Mov P1
102 Return' 务必写 Return 指令
```

9.15 调用子程序

（1）指令格式及说明

CallP＜程序名＞,＜自变量 1＞,＜自变量 2＞,…

① "程序名" 是被调用的子程序名字。

② "自变量 1""自变量 2" 是设置在子程序中的变量，只在被调用的子程序中有效。

③ 子程序以 End 结束并返回主程序。如果没有 End 指令，则在最终行返回主程序。

④ CallP 指令指定自变量时，在子程序一侧必须用 FPrm 定义自变量，而且数量类型必须相同，否则发生报警。

⑤ 可以执行 8 级子程序的嵌套调用。

⑥ Tool 数据在子程序中有效。

（2）样例

① 调用子程序时同时指定自变量。

```
1 M1= 0
2 CallP"10",M1,P1,P2' 调用 10 号子程序,同时指定 M1、P1、P2 为子程序中使用的变量
3 M1= 1
4 CallP"10",M1,P1,P2' 调用 10 号子程序,同时指定 M1、P1、P2 为子程序中使用的变量
10 CallP"10",M2,P3,P4' 调用 10 号子程序,同时指定 M2、P3、P4 为子程序中使用的变量
15 End
"10"了程序
1 FPrm M01,P01,P02' 规定与主程序中对应的变量
2 If M01< > 0 Then GoTo* LBL1' 判断-选择语句
3 Mov P01' 前进到 P01 点
4 * LBL1' 程序分支标记
5 Mvs P02' 前进到 P02 点
6 End' 结束(返回主程序)
```

在主程序第 1 步、第 4 步调用子程序时，10 号子程序中的变量 M01、P01、P02 与主

程序指定的变量 M1、P1、P2 相对应。在主程序第 10 步调用子程序时，10 号子程序中的变量 M01、P01、P02 与主程序指定的变量 M2、P3、P4 相对应。

② 调用子程序时不指定自变量。

```
1 Mov P1'  前进到 P1 点
2 CallP"20"'  调用 20 号子程序
3 Mov P2'  前进到 P2 点
4 CallP"20"'  调用 20 号子程序
5 End
"20"子程序
1 Mov P1'  子程序中的 P1 点与主程序中的 P1 点不同
2 Mvs P002'  前进到 P002 点
3 M_Out(17)= 1'  赋值
4 End'  结束
```

9.16 While 循环

（1）指令格式及说明

While ＜循环条件＞

处理动作

WEnd

"循环条件"为数据表达式。如果满足循环条件，则循环执行 While 与 WEnd 之间的动作；如果不满足循环条件，则跳出循环。

（2）样例

```
1 While (M1> = -5) And (M1< = 5)'  如果 M1 在-5 和 5 之间,则执行循环
2 M1= -(M1+ 1)'  循环条件处理
3 M_Out(8)= M1'  赋值
4 WEnd'  循环结束
```

9.17 中断

9.17.1 Def Act 指令

本指令用于定义执行中断程序的条件及中断程序的动作。

（1）指令格式及说明

Def Act＜中断程序级别＞＜条件＞＜执行动作＞＜类型＞

① "中断程序级别"以号码 1～8 表示，数字越小越优先，例如 Act1 优先于 Act2。

② "条件"是指执行中断程序的判断条件。

③ "执行动作"是指中断程序动作内容。

④"类型" 是指中断程序的执行时间点，亦即主程序的停止类型：省略时表示停止类型 1，以 100％速度倍率正常停止；S 表示停止类型 2，以最短时间、最短距离减速停止；L 表示停止类型 3，执行完当前程序行后才停止。

⑤ 中断程序从跳转起始行到 Return 结束。

（2）样例

```
1 Def Act 1,M_In(17)= 1 GoSub* L100'  定义 Act1 中断程序:如果输入信号(17)= ON,则跳转
到子程序* L100

2 Def Act 2,MFG1 And MFG2 GoTo* L200'  定义 Act2 中断程序:如果 MFG1 与 MFG2 的逻辑 AND
运算= 真,则跳转到子程序* L200

3 Def Act 3,M_Timer(1)> 10500 GoSub* LBL'  定义 Act3 中断程序:如果计时器(1)的计时时
间大于 10500ms,则跳转到子程序* LBL

10 * L100:M_Timer(1)= 0'  计时器(1)设置= 0

11 Act 3= 1'  Act 3 动作区间起点

12 Return 0'  返回
   ⋮
20 * L200'  程序分支标记

21 Mov P_Safe'  前进到安全点

22 End'  结束
   ⋮
30 * LBL'  程序分支标记

31 M_Timer(1)= 0'  计时器(1)设置= 0

32 Act 3= 0'  Act 3 动作区间终点

33 Return 0'  返回
```

9.17.2 Act 指令

Act 指令有两重意义：Act1～Act8 是中断程序的程序级别标志；Act n＝1（起始标志）与 Act n＝0（结束标志）划出了中断程序 Act n 的生效区间。

（1）指令格式及说明

Act＜被定义的程序级别标志＞＝＜1＞

Act＜被定义的程序级别标志＞－＜0＞

① Act 0 为最优先状态。程序启动时即为 Act 0＝1 状态。如果 Act 0＝0，则 Act1～Act8＝1 也无效。

② 中断程序的结束（返回）由 Return 1 或 Return 0 指定：Return 1 转入主程序的下一行；Return 0 跳转到主程序中中断程序的发生行。

（2）样例

样例 1

```
1 Def Act 1,M_In(1)= 1  GoSub* INTR'  定义 ACT1 对应的中断程序

2 Mov P1'  前进到 P1 点

3 Act 1= 1'  ACT1 定义的中断程序动作区间起点

4 Mov P2'  前进到 P2 点
```

```
5 Act 1= 0'  ACT1 定义的中断程序动作区间终点
10 * INTR'  程序分支标记
11 If M_In(1)= 1 GoTo* INTR'  判断-选择语句
12 Return 0'  返回
```

样例 2

```
1 Def Act 1,M_In(1)= 1 GoSub* INTR'  定义 ACT1 对应的中断程序
2 Mov P1'  前进到 P1 点
3 Act 1= 1'  ACT1 动作区间起点
4 Mov P2'  前进到 P2 点
10 * INTR'  程序分支标记
11 Act 1= 0'  ACT1 动作区间终点
12 M_Out(10)= 1'  赋值
13 Return 1'  结束
```

9.18 暂停

（1）指令格式及说明

Hlt

① Hlt 指令使程序处于待机状态。如果发出再启动信号，从程序的下一行启动。本指令在分段调试程序时常用。

② 如果是在附随语句中发生的暂停，重新发出启动信号后，程序从中断处启动执行。

（2）样例

样例 1

```
1  Hlt'  无条件暂停
```

样例 2

```
100 If M_In(18)= 1 Then Hlt'  如果输入信号(18)= ON,则暂停
200 Mov P1 WthIf M_In(17)= 1,Hlt'  在向 P1 点移动过程中,如果输入信号(17)= ON,则暂停
```

视频24
讲解Hlt无条件暂停指令

9.19 延时

（1）指令格式及说明

格式 1

Dly＜时间＞

格式 2

M_Out(1)＝1 Dly＜时间＞

Dly 指令用于设置程序中的暂停时间（格式 1），也是构成脉冲型输出的方法（格式 2）。

（2）样例

① 设定暂停时间。

```
1 Dly 30'   程序暂停 30s
```

② 设定输出信号＝ON 的时间（构成脉冲输出）。

```
1 M_Out(17)= 1 Dly 0.5'   输出端子(17)= ON 时间为 0.5s
```

视频25
讲解Dly暂停指令（延时指令）

9.20　码垛

码垛是机器人常用的一种功能，机器人编程指令中有专用的码垛指令（也称托盘指令）。该指令实际上是一个计算矩阵方格中各点位中心（位置）的指令。本指令需要设置矩阵方格有几行几列、起点、终点、对角点、计数方向。

（1）指令格式及说明

Def　Plt　＜托盘号＞，＜起点＞，＜终点 A＞，＜终点 B＞[，＜对角点＞]，＜列数 A＞，＜行数 B＞，＜托盘类型＞

①"托盘号"：可以将一个矩阵视为一个托盘（实际工作中，工件摆放在一个托盘上），系统可设置 8 个托盘。

②"起点""终点""对角点"：用位置点设置。

③"列数 A"：起点与终点 A 之间列数。

④"行数 B"：起点与终点 B 之间行数。

⑤"托盘类型"：设置托盘中各位置点分布的类型。托盘类型＝1 表示 Z 字型；托盘类型＝2 表示顺序型；托盘类型＝3 表示圆弧型（图 9-13）。

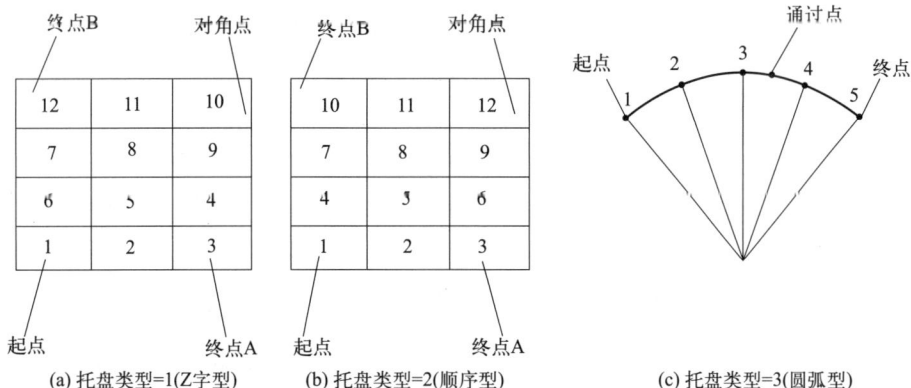

图 9-13　托盘的定义及类型

⑥ 对于圆弧型托盘，采用 3 点型定义指令，顺序为＜起点＞＜通过点＞＜终点＞。

（2）样例

```
1 Def Plt 1,P1,P2,P3,P4,4,3,1'  定义 1 号托盘,4 点定义,4 列×3 行,托盘类型＝1(Z 字型)。

2 Def Plt 2,P1,P2,P3,,8,5,2'  定义 2 号托盘,3 点定义,8 列×5 行,托盘类型＝2(顺序型),注意 3 点型指令在书写时在终点 B 后有两个逗号

3 Def Plt 3,P1,P2,P3,,5,1,3'  定义 3 号托盘,3 点定义,托盘类型＝3(圆弧型)

4 (Plt 1,5)'  1 号托盘第 5 点

5 (Plt 1,M1)'  1 号托盘第 M1 点(M1 为变量)
```

（3）综合应用

码垛指令在实际应用中比较复杂，现用两个案例简单说明一下。

案例 1

```
1 P3.A= P2.A'  设定 P3 点 A 轴角度＝P2 点 A 轴角度

2 P3.B= P2.B'  设定 P3 点 B 轴角度＝P2 点 B 轴角度

3 P3.C= P2.C'  设定 P3 点 C 轴角度＝P2 点 C 轴角度

4 P4.A= P2.A'  设定 P4 点 A 轴角度＝P2 点 A 轴角度

5 P4.B= P2.B'  设定 P4 点 B 轴角度＝P2 点 B 轴角度

6 P4.C= P2.C'  设定 P4 点 C 轴角度＝P2 点 C 轴角度

7 P5.A= P2.A'  设定 P5 点 A 轴角度＝P2 点 A 轴角度

8 P5.B= P2.B'  设定 P5 点 B 轴角度＝P2 点 B 轴角度

9 P5.C= P2.C'  设定 P5 点 C 轴角度＝P2 点 C 轴角度

10 Def Plt 1,P2,P3,P4,P5,3,5,2'  设定 1 号托盘,3×5 格,顺序型

11 M1= 1'  设置 M1 变量

12 * LOOP'  循环指令标记

13 Mov P1,-50'  前进到 P1 点近点

14 Ovrd 50'  设置速度倍率＝50%

15 Mvs P1'  前进到 P1 点

16 HClose 1'  1 号抓手闭合

17 Dly 0.5'  暂停

18 Ovrd 100'  设置速度倍率＝100%

19 Mvs ,-50'  退回到 P1 点近点

20 P10＝(Plt 1,M1)'  定义 P10 点为 1 号托盘 M1 点,M1 为变量(关键语句)

21 Mov P10,-50'  前进到 P10 点近点

22 Ovrd 50'  设置速度倍率＝50%

23 Mvs P10'  运动到 P10 点

24 HOpen 1'  1 号抓手张开

25 Dly 0.5'  暂停

26 Ovrd 100'  设置速度倍率＝100%

27 Mvs,-50'  退回到 P10 点近点

28 M1= M1+ 1'  变量 M1 运算

29 If M1< = 15 Then* LOOP'  循环判断条件,如果 M1＜15,则继续循环,根据此循环完成对托盘 1 所有位置点的动作

30 End'  结束
```

案例 2

```
1 If Deg(P2.C)< 0 Then GoTo* MINUS'  如果 P2 点 C 轴角度小于 0°就跳转到* MINUS 行
2 If Deg(P3.C)< -178 Then P3.C = P3.C+ Rad(+ 360)'  如果 P3 点 C 轴角度小于- 178°就指
令 P3 点 C 轴加+ 360°
3 If Deg(P4.C)< -178 Then P4.C = P4.C+ Rad(+ 360)'  如果 P4 点 C 轴角度小于- 178°就指
令 P4 点 C 轴+ 360°
4 If Deg(P5.C)< -178 Then P5.C= P5.C+ Rad(+ 360)'  如果 P5 点 C 轴角度小于- 178°就指令
P5 点 C 轴+ 360°
5 GoTo* DEFINE'  跳转到* DEFINE 行
6 * MINUS'  程序分支标记
7 If Deg(P3.C)> + 178 Then P3.C = P3.C-Rad(+ 360)'  如果 P3 点 C 轴角度大于 178°就指令
P3 点 C 轴减 360°
8 If Deg(P4.C)> + 178 Then P4.C = P4.C-Rad(+ 360)'  如果 P4 点 C 轴角度大于 178°就指令
P4 点 C 轴减 360°
9 If Deg(P5.C)> + 178 Then P5.C = P5.C-Rad(+ 360)'  如果 P5 点 C 轴角度大于 178°就指令
P5 点 C 轴减 360°
10 * DEFINE'  程序分支标记
11 Def Plt 1,P2,P3,P4,P5,3,5,2'  定义 1 号托盘,3×5 格,顺序型
12 M1= 1'  设置 M1 变量
13 * LOOP'  循环指令标记
14 Mov P1,-50'  前进到 P1 点近点
15 Ovrd 50'  设置速度倍率= 50%
16 Mvs P1'  前进到 P1 点
17 HClose 1'  1 号抓手闭合
18 Dly 0.5'  暂停
19 Ovrd 100'  设置速度倍率= 100%
20 Mvs,-50'  退回到 P1 点近点
21 P10= (Plt 1,M1)'  定义 P10 点为 1 号托盘 M1 点,M1 为变量
22 Mov P10,-50'  前进到 P10 点近点
23 Ovrd 50'  设置速度倍率= 50%
24 Mvs P10'  前进到 P10 点
25 HOpen 1'  1 号抓手张开
26 Dly 0.5'  暂停
27 Ovrd 100'  设置速度倍率= 100%
28 Mvs ,-50'  退回到 P10 点近点
29 M1= M1+ 1'  变量 M1 运算
30 If M1< = 15 Then* LOOP'  循环判断条件,如果 M1≤15,则继续循环,执行 15 个点的抓取动作
31 End'  结束
```

视频26
讲解码垛指令

9.21　连续轨迹运行

在执行连续轨迹运行，通过某一位置点时，其轨迹不实际通过位置点，而是一过渡圆弧，这一过渡圆弧轨迹由指定的数值构成（图 9-14）。

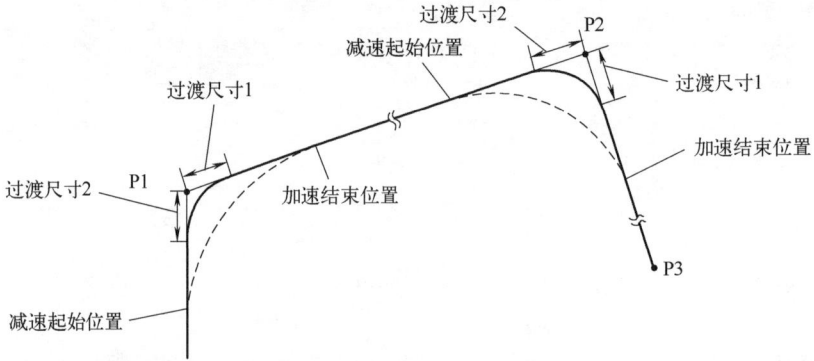

图 9-14　连续轨迹运行及过渡尺寸

（1）指令格式及说明

Cnt　<1/0>[,<数值 1>][,<数值 2>]

①"1/0"：Cnt 1 表示连续轨迹运行；Cnt 0 表示连续轨迹运行无效。从 Cnt1 到 Cnt0 的区间为连续轨迹运行有效区间。

②"数值 1"：过渡尺寸 1。

③"数值 2"：过渡尺寸 2。

④ 系统初始值为 cnt0（连续轨迹运行无效）。

⑤ 如果省略数值 1 和数值 2 的设置，其过渡圆弧轨迹如图 9-14 中虚线所示，圆弧起始点为减速起始位置，圆弧结束点为加速结束位置。

（2）样例

```
1 Cnt 0'   连续轨迹运行无效
2 Mvs P1'  移动到 P1 点
3 Cnt 1'   连续轨迹运行有效
4 Mvs P2'  移动到 P2 点
5 Cnt 1,100,200'  指定过渡圆弧数据（100mm/200mm）
6 Mvs P3'  移动到 P3 点
7 Cnt 1,300'  指定过渡圆弧数据（300mm/ 300mm）
8 Mov P4'  移动到 P4 点
9 Cnt 0'   连续轨迹运行无效
10 Mov P5' 移动到 P5 点
```

9.22　速度设置

速度设置指令设置直线插补、圆弧插补时的速度，也可以设置最佳速度控制模式，以 mm/s 为单位设置。

（1）指令格式及说明

Spd　＜速度＞

Spd　M_NSpd(最佳速度控制模式)

① 实际速度＝操作面板倍率×程序速度倍率× Spd 。

② M_NSpd 为初始速度设定值。

（2）样例

```
1 Spd 100'  设置速度= 100mm/s
2 Mvs P1'  前进到 P1 点
3 Spd M_NSpd'  设置初始值(最佳速度控制模式)
4 Mov P2'  前进到 P2 点
5 Mov P3'  前进到 P3 点
6 Ovrd 80'  设置速度倍率= 80%
7 Mov P4'  前进到 P4 点
8 Ovrd 100'  设置速度倍率= 100%
```

视频27
讲解速度设置指令

9.23　速度调节

速度调节指令可以设置机器人运行速度比例（速度倍率）。

（1）指令格式及说明

Ovrd　＜速度比例＞

① "速度比例"是已设定速度的百分数，初始值为 100，范围为 $0.01 \sim 100.0$，设定为 0 或 100 以上则发生报警。

② 该指令与插补的种类无关，总是有效。

③ 实际的速度比例：关节插补动作时＝（操作面板的速度比例设定值）×［程序速度比例（Ovrd 指令）］×［关节速度比例（JOvrd 指令）］；直线插补动作时＝（操作面板的速度比例设定值）×［程序速度比例（Ovrd 指令）］。

④ 该指令只会使速度比例变化，100％为最大值，通常系统初始值（M_NOvrd）会设定为 100％，在设置新的速度比例前，为系统初始值。

⑤ 在执行 End 指令或程序复位前，Ovrd 指令设置的速度比例一直有效，在执行 End 指令或程序复位后，会回到初始值。

（2）样例

```
1 Ovrd 50
2 Mov P1
3 Mvs P2
```

视频28
讲解速度调节指令

9.24　等待

Wait 指令为等待指令，在等待条件满足后执行下一段程序，是常用指令。

（1）指令格式及说明

Wait　＜数值变量＞＝＜常数＞

"数值变量"常用的有输入/输出型变量。

（2）样例

① 信号状态

```
1 Wait M_In(1)= 1'  等待输入端子 1= ON,才进入下一行
2 Wait M_In(3)= 0'  等待输入端子 3= OFF,才进入下一行
```

② 多任务区状态

```
1 Wait M_Run(2)= 1'  等待任务区 2 程序启动,才进入下一行
```

③ 变量状态

```
1 Wait M_01= 100'  如果变量 M_01= 100,就进入下一行
```

9.25　指定关节轴进入柔性控制状态

（1）指令格式及说明

Cmp Jnt,＜轴号＞

"轴号"用一组二进制编码指定，&B000000 对应 6、5、4、3、2、1 轴。

（2）样例

```
1 Mov P1'  前进到 P1 点
2 CmpG 0.0,0.0,1.0,1.0,,,'  指定柔性控制度(柔性控制增益)
3 Cmp Jnt,&B11'  指定 J1 轴、J2 轴进入柔性控制状态
4 Mov P2'  前进到 P2 点
5 HOpen 1'  抓手动作
6 Mov P1'  前进到 P1 点
7 Cmp Off'  返回常规状态
```

9.26　指令伺服轴进入柔性控制工作模式（直角坐标系）

（1）指令格式及说明

Cmp Pos,＜轴号＞

"轴号"用一组二进制编码指定，&B000000 对应 C、B、A、Z、Y、X 轴。
（2）样例

```
1 Mov P1'  前进到 P1 点
2 CmpG 0.5,0.5,1.0,0.5,0.5,,'  指定柔性控制度（柔性控制增益）
3 Cmp Pos,&B011011'  指定直角坐标系中的 X、Y、A、B 轴进入柔性控制工作模式
4 Mvs P2'  前进到 P2 点
5 M_Out(10)= 1'  指令输出端子 10= ON
6 Dly 1.0'  暂停 1s
7 HOpen 1'  抓手动作
8 Mvs,-100'  后退 100mm
9 Cmp Off'  返回常规状态
```

9.27　指定伺服轴进入柔性控制工作模式（工具坐标系）

（1）指令格式及说明
Cmp Tool，＜轴号＞
"轴号"用一组二进制编码指定，&B000000 对应 C、B、A、Z、Y、X 轴。
（2）样例

```
1 Mov P1'  前进到 P1 点
2 CmpG 0.5,0.5,1.0,0.5,0.5,,'  指定柔性控制度（柔性控制增益）
3 Cmp Tool,&B011011'  指定工具坐标系中的 X、Y、A、B 轴进入柔性控制工作模式
4 Mvs P2'  前进到 P2 点
5 M_Out(10)= 1'  指令输出端子 10= ON
6 Dly 1.0'  暂停 1s
7 HOpen 1'  抓手动作
8 Mvs,-100'  后退 100mm
9 Cmp Off'  返回常规状态
```

9.28　解除机器人柔性控制工作模式

（1）指令格式及说明
Cmp Off
本指令用于解除机器人的柔性控制工作模式。
（2）样例

```
1 Mov P1'  前进到 P1 点
2 CmpG 0.5,0.5,1.0,0.5,0.5,,'  指定柔性控制度（柔性控制增益）
3 Cmp Tool,&B011011'  指定工具坐标系中的 X、Y、A、B 轴进入柔性控制工作模式
4 Mvs P2'  前进到 P2 点
5 M_Out(11)= 1'  指令输出端子 11= ON
6 Dly 0.5'  暂停 0.5s
```

```
7 HOpen 1'  抓手动作
8 Mvs,-100'  后退 100mm
9 Cmp Off'  解除机器人柔性控制工作模式
```

9.29 设置柔性控制时各轴的增益

（1）指令格式及说明

格式 1（直交型）

CmpG [＜X 轴增益＞] [＜Y 轴增益＞] [＜Z 轴增益＞] [＜A 轴增益＞] [＜B 轴增益＞] [＜C 轴增益＞] [＜L1 轴增益＞] [＜L2 轴增益＞]

格式 2（关节型）

CmpG [＜J1 轴增益＞] [＜J2 轴增益＞] [＜J3 轴增益＞] [＜J4 轴增益＞] [＜J5 轴增益＞] [＜J6 轴增益＞] [＜J7 轴增益＞] [＜J8 轴增益＞]

① "轴增益"用于设置各轴的柔性控制增益，常规状态＝1，以柔性控制增益＝1 为基准进行设置。

② 以指令位置与实际位置为比例，像弹簧一样产生作用力，实际位置越接近指令位置，作用力越小，CmpG 相当于弹性常数。

③ 指令位置与实际位置之差可以由状态变量 M_CmpDst 读出，可用变量 M_CmpDst 判断动作，例如 PIN 插入是否完成。

④ 柔性控制增益调低时，动作位置精度会降低，因此必须逐步调整确认。

（2）样例

```
1 CmpG,,0.5,,,,,'  设置 Z 轴的柔性控制增益＝0.5,省略设置的轴用逗号分隔。
```

9.30 选择高精度模式有效或无效

（1）指令格式及说明

Prec ＜On/Off＞

本指令选择高精度模式有效或无效，用以提高轨迹精度。

（2）样例

```
1 Prec On'  高精度模式有效
2 Mvs P1'  前进到 P1 点
3 Mvs P2'  前进到 P2 点
4 Prec Off'  高精度模式无效
5 Mov P1'  前进到 P1 点
```

9.31 旋转轴坐标值转换

旋转轴坐标值转换指令的功能是将指定的旋转轴坐标值加/减 360° 后转换为当前坐标值，用于原点设置或不希望当前轴受到结构标志 FL2 的影响的情况。

（1）指令格式及说明

JRC<[＋]<数据>/－<数据>/0>[<轴号>]

① "＋数据" "－数据" 是以参数 JRCQTT 设定的值为单位增加或减少的倍数，如果未设置参数 JRCQTT，则以 360°为单位，例如 "＋2" 就是增加 720°， "－3" 就是减少 1080°。

② 如果 "数据"＝0，则以参数 JRCORG 设置的值再进行原点设置（只能用于用户定义轴）。

③ "轴号" 是指定的轴号，如果省略，则为 J4 轴（RH-F 水平机器人）或 J6 轴（RV-F 垂直机器人）。

④ 本指令只改变对象轴的坐标值，对象轴不运动，可以用于原点设置或其他用途。

⑤ 因为对象轴的坐标值改变，所以需要预先改变对象轴的动作范围，对象轴的动作范围可设置为－2340°～＋2340°。

⑥ 优先轴为机器人前端的旋转轴。

⑦ 未设置原点时系统会报警。

⑧ 执行本指令时，机器人会停止。

⑨ 使用本指令时务必设置下列参数：JRCEXE＝1 时 JRC 指令生效；用参数 MEJAR 设置对象轴动作范围；用参数 JRCQTT 设置 JRC 1/－1（JRC n/－n）的动作单位；用参数 JRCORG 设置 JRC 0 时的原点位置。

（2）样例

```
1 Mov P1'  移动到 P1 点,J6 轴正向旋转
2 JRC + 1'  将 J6 轴当前值加 360°
3 Mov P1'  移动到 P1 点
4 JRC + 1'  将 J6 轴当前值加 360°
5 Mov P1'  移动到 P1 点
6 JRC-2'  将 J6 轴当前值减 720°
```

9.32　设置定位精度

定位精度用脉冲数表示，即指令脉冲与反馈脉冲的差值。脉冲数越小，定位精度越高。

（1）指令格式及说明

Fine <脉冲数>[,<轴号>]

"脉冲数" 用常数或变量设置。

（2）样例

```
1 Fine 300'  设置定位精度为 300 脉冲,全轴通用
2 Mov P1'  前进到 P1 点
3 Fine 100,2'  设置 2 轴定位精度为 100 脉冲
4 Mov P2'  前进到 P2 点
5 Fine 0,5'  设置 5 轴的定位精度无效
6 Mov P3'  前进到 P3 点
```

```
7 Fine 100'  定位精度设置为 100 脉冲
8 Mov P4'  前进到 P4 点
```

9.33　设置关节轴的旋转定位精度

（1）指令格式及说明
Fine ＜定位精度＞,J,[＜轴号＞]
本指令设置关节轴的旋转定位精度。
（2）样例

```
1 Fine 1,J'  设置全轴定位精度为 1°
2 Mov P1'  前进到 P1 点
3 Fine 0.5,J,2'  设置 2 轴定位精度为 0.5°
4 Mov P2'  前进到 P2 点
5 Fine 0,J,5'  设置 5 轴定位精度无效
6 Mov P3'  前进到 P3 点
7 Fine 0,J'  设置全轴定位精度无效
8 Mov P4'  前进到 P4 点
```

9.34　以直线距离设置定位精度

（1）指令格式及说明
Fine ＜直线距离＞,P
本指令以直线距离设置定位精度。
（2）样例

```
1 Fine 1,P'  设置定位精度为直线距离 1mm
2 Mov P1'  前进到 P1 点
3 Fine 0,P'  定位精度无效
4 Mov P2'  前进到 P2 点
```

9.35　指令伺服电源的 ON/OFF

（1）指令格式及说明
Servo＜On/Off＞[＜机器人编号＞]
本指令用于使机器人各轴的伺服 ON/OFF。
（2）样例

```
1 Servo On'  伺服= ON
2* L20:If M_Svo< > 1 GoTo* L20'  等待伺服= ON
3 Spd M_NSpd'  设置速度
4 Mov P1'  前进到 P1 点
5 Servo Off'  伺服= OFF
```

9.36　报警复位

（1）指令格式及说明

Reset Err

本指令用于使报警复位。

（2）样例

```
1 If M_Err= 1 Then Reset Err'　如果有 M_Err 报警发生,就将报警复位
```

9.37　附加处理

（1）指令格式及说明

Mov P1 WthIf ＜判断条件＞,＜处理＞

① "处理"的内容有赋值、Hlt、Skip。

② 本指令是在插补动作中带有附加条件的附加处理的指令。

（2）样例

```
1 Mov P1 WthIf M_In(17)= 1,Hlt'　在向 P1 点移动的过程中,如果输入信号(17)= ON,则程序
暂停
2 Mvs P2 WthIf M_RSpd> 200,M_Out(17)= 1 Dly M1+ 2'　在向 P2 点移动的过程中,如果 M_
RSpd> 200,则指令输出端子(17)= ON,输出端子(17)= ON 的时间为 M1+ 2
3 Mvs P3 WthIf M_Ratio> 15,M_Out(1)= 1'　在向 P3 点移动的过程中,如果 M_Ratio> 15,则
指令输出端子(1)= ON
```

9.38　防碰撞功能是否生效

（1）指令格式及说明

CavChk ＜On/Off＞[,＜机器人 CPU 号＞[,NOErr]]

"NOErr"检测到干涉时不报警。

（2）样例

```
1 CavChk On'　防碰撞功能有效
2 CavChk Off'　防碰撞功能无效
```

9.39　设置碰撞检测量级

（1）指令格式及说明

ColLvl [＜J1 轴＞][,＜J2 轴＞][,＜J3 轴＞][,＜J4 轴＞][,＜J5 轴＞][,＜J6 轴＞]
[,＜J7 轴＞][,＜J8 轴＞]

本指令用于设置碰撞检测量级。

（2）样例

```
1 ColLvl 80,80,80,80,80,80,,'  设置 J1 轴～J6 轴碰撞检测量级
2 ColChk On'  碰撞检测功能有效
3 Mov P1'  前进到 P1 点
4 ColLvl,50,50,,,,,'  设置 J2 轴、J3 轴碰撞检测量级
5 Mov P2'  前进到 P2 点
6 Dly 0.2'  暂停 0.2s
7 ColChk Off'  碰撞检测功能无效
8 Mov P3'  前进到 P3 点
```

9.40 打开文件

（1）指令格式及说明

Open <"文件名"> [For<模式>As #<文件号>]

① "文件名"：如果使用通信端口则为通信端口名。

② "模式"：INPUT 为输入模式（从指定的文件里读取数据）；OUPUT 为输出模式；APPEND 为搜索模式。如果省略模式指定，则为搜索模式。

（2）样例

样例 1

```
1 Open"COM1:"As # 1'  指定 1 号通信端口 COMDEV 1(输入的文件)作为文件 1
2 Mov P_01'  前进到 P_01 点
3 Print # 1,P_Curr'  将当前值输出到文件 1
4 Input # 1,M1,M2,M3'  读取文件 1 中的数据到 M1、M2、M3
5 P_01.X= M1'  赋值
6 P_01.Y= M2'  赋值
7 P_01.C= Rad(M3)'  赋值
8 Close'  关闭所有文件
9 End'  程序结束
```

样例 2

```
1 Open"temp.txt"For Append As # 1'  将名为 temp.txt 的文件定义为文件 1
2 Print # 1,"abc"  在文件 1 上写"abc"
3 Close # 1'  关闭文件 1
```

9.41 输出数据

（1）指令格式及说明

Print #<文件号>[,<数据式 1>][,<数据式 2>][,<数据式 3>]

① "数据式"可以是数值表达式、位置表达式、字符串表达式。

② Print 指令后无数据式，即表示输出换行符，注意其应用。

③ 字符串最大为 14 个字符。

④ 多个数据以逗号分隔时，输出结果的多个数据之间有空格。

⑤ 多个数据以分号分隔时，输出结果的多个数据之间无空格。

⑥ 以双引号标记字符串。

⑦ 必须输出换行符。

⑧ 在语句后面加逗号或分号，不会输出换行结果。

（2）样例

样例 1

```
1 Open"temp.txt"For APPEND As # 1'  将"temp.txt"文件视作文件 1 打开
2 MDATA= 150'  设置 MDATA= 150
3 Print # 1,"* * * Print TEST* * * "'  向文件 1 输出字符串"* * * Print TEST* * * "
4 Print # 1'  输出换行符
5 Print # 1,"MDATA= ",MDATA'  输出字符串"MDATA= "之后,接着输出 MDATA 的具体数据 150
6 Print # 1'  输出换行符
7 Print # 1,"* * * * * * * * * * * * * * * "'  输出字符串"* * * * * * * * * * * 
* * * * "
8 End'  结束
```

输出结果：

＊＊＊Print TEST ＊＊＊

MDATA＝150

　＊＊＊＊＊＊＊＊＊＊＊＊＊＊＊

样例 2

```
1 M1= 123.5'  赋值
2 P1= (130.5,- 117.2,55.1,16.2,0.0,0.0)(1,0)'  赋值
3 Print # 1,"OUTPUT TEST",M1,P1'  以逗号分隔
```

输出结果（数据之间有空格）：

OUTPUT TEST 123.5 (130.5,−117.2,55.1,16.2,0.0,0.0)(1,0)

样例 3

```
1 M1= 123.5'  赋值
2 P1= (130.5,- 117.2,55.1,16.2,0.0,0.0)(1,0)'  赋值
3 Print # 1,"OUTPUT TEST";M1 ;P1'  以分号分隔
```

输出结果（数据之间无空格）：

OUTPUT TEST123.5(130.5,−117.2,55.1,16.2,0.0,0.0)(1,0)

样例 4

```
1 M1= 123.5'  赋值
2 P1= (130.5,- 117.2,55.1,16.2,0.0,0.0)(1,0)'  赋值
3 Print # 1,"OUTPUT TEST",'  以逗号结束
4 Print # 1,M1;'  以分号结束
5 Print # 1,P1'  输出 P1 位置数据
```

输出结果（输出不换行）：

OUTPUT TEST 123.5(130.5,−117.2,55.1,16.2,0.0,0.0)(1,0)

9.42 输入文件

（1）指令格式及说明

Input #<文件号>,<输入数据存放变量>[,<输入数据存放变量>]…

① "文件号"：指定被读取数据的文件号。

② "输入数据存放变量"：指定读取数据存放的变量名。

③ 从指定的文件读取的数据为 ASCII 码。

（2）样例

```
1 Open"temp.txt"For Input As # 1'  指定文件"temp.txt"为文件 1
2 Input # 1,CABC$'  读取文件 1,读取时从起始到换行之间的数据被存放到变量 CABC$（全部
为 ASCII 码）
  ⋮
10 Close # 1'  关闭文件 1
```

9.43 关闭文件

将指定的文件（及通信接口）关闭。

（1）指令格式及说明

Close #<文件号>[,#<文件号>]

（2）样例

```
1 Open"temp.txt"For Append As # 1'  将文件 temp.txt 作为文件 1 打开
2 Print # 1,"abc"  在文件 1 中写入"abc"
3 Close # 1'  关闭文件 1
```

9.44 指令碰撞检测功能是否有效

碰撞检测功能指检测机器人及抓手与周边设备是否发生碰撞，如果发生碰撞立即停止，以减少损坏。

（1）指令格式及说明

ColChk On[,NOErr]/Off

① "On"：碰撞检测功能有效，检测到碰撞发生时，立即停机，并发出 1010 报警，同时伺服＝OFF。

② "Off"：碰撞检测功能无效。

③ "NOErr"：检测到碰撞发生时，不报警。

④ 碰撞检测功能可以用参数 COL 设置。

（2）样例

① 检测到碰撞发生时，立即报警。

```
1 ColLvl 80,80,80,80,80,80,,' 设置各轴碰撞检测量级
2 ColChk On' 碰撞检测功能有效
3 Mov P1' 前进到 P1 点
4 Mov P2' 前进到 P2 点
5 Dly 0.2' 等待动作完成,也可以使用定位精度指令 Fine
6 ColChk Off' 碰撞检测功能无效
7 Mov P3' 前进到 P3 点
```

② 检测到碰撞发生时，使用中断处理。

```
1 Def Act 1,M_ColSts(1)= 1 GoTo* HOME,S' 如果检测到碰撞发生,跳转到 HOME 行
2 Act 1= 1' 中断区间生效
3 ColChk On,NOErr' 碰撞检测功能= ON
4 Mov P1' 前进到 P1 点
5 Mov P2' 前进到 P2 点
6 Mov P3' 前进到 P3 点
7 Mov P4' 前进到 P4 点
8 ColChk Off' 碰撞检测功能= OFF
9 Act 1= 0' 中断区间结束
100* HOME' 程序分支标记
101 ColChk Off' 碰撞检测功能= OFF。
102 Servo On' 伺服= ON
103 PESC= P_ColDir(1)* (-2)' 碰撞回退点
104 PDST= P_Fbc(1)+ PESC' 碰撞回退点计算
105 Mvs PDST' 前进到 PDST 点
106 Error 9100' 报警
```

9.45　抓手张开/闭合

（1）指令格式及说明

HOpen ＜抓手号码＞

HClose ＜抓手号码＞

控制抓手的 ON/OFF，实质上是控制某一输出信号的 ON/OFF，因此在参数上要设置与抓手对应的输出信号。

（2）样例

```
1 HOpen 1'  指令抓手 1 张开
2 Dly 0.2'  暂停 0.2s
3 HClose 1'  指令抓手 1 闭合
4 Dly 0.2'  暂停 0.2s
5 Mov PUP'  前进到 PUP 点
```

视频29
讲解抓手张开/闭合指令

9.46　跳转到下一程序行

（1）指令格式及说明

Skip

本指令的功能是中断执行当前的程序行，跳转到下一程序行。

（2）样例

```
1 Mov P1 WthIf M_In(17)= 1,Skip'  如果执行 Mov P1 的过程中 M_In(17)= 1,则中断 Mov P1
的执行,跳转到下一程序行
2 If M_SkipCq= 1 Then Hlt'  如果发生了 Skip 跳转,则程序暂停
```

9.47　清零

（1）指令格式及说明

Clr <TYPE>

"TYPE"为清零类型：1 为输出信号复位；2 为局部变量及数组清零；3 为外部变量及数组清零，但公共变量不清零。

（2）样例

样例 1

```
1 Clr 1'  将输出信号复位
```

样例 2

```
1 Dim MA(10)'  定义数组
2 Def Inte IVAL'  定义变量精度
3 Clr 2'  MA(1)～MA(10)、变量 IVAL 及程序内局部变量清零
```

样例 3

```
1 Clr 3'  外部变量及数组清零
```

样例 4

```
1 Clr 0'  同时执行类型 1~3 清零
```

9.48　程序段结束

（1）指令格式及说明

End

① 本指令在主程序内表示程序结束，在子程序内表示子程序结束并返回主程序。

② 如果需要程序中途停止并处于中断状态，应使用 Hlt 指令。

③ 可以在程序中多处编制 End 指令，也可以在程序的结束处不编制 End 指令。

（2）样例

```
1 Mov P1'  前进到 P1 点
2 GoSub* ABC'  调用子程序
3 End'  主程序结束
  ⋮
10 * ABC'  程序分支标记
11 M1= 1'  赋值
12 Return'  返回
```

9.49　For Next 循环

（1）指令格式及说明

For<计数器>=<初始值>To<结束值>[Step<增量>]

Next　<计数器>

①"增量"为每次循环增加的数值。

② 循环嵌套为 16 级。

③ 跳出循环不能使用 GoTo 语句，应使用 Loop 语句。

（2）样例

```
1 MSUM= 0'  设置 MSUM= 0
2 For M1= 1 To 10'  设置 M1 从 1 到 10 为循环条件,单步增量= 1
3 MSUM= MSUM+ M1'  计算公式
4 Next M1
```

9.50　子程序/中断程序结束及返回

（1）指令格式及说明

Return<返回程序行指定方式>

①"返回程序行指定方式"：0 为返回到中断发生的程序步；1 为返回到中断发生的程序步的下一步。

② 以 GoSub 指令调用子程序，必须以 Return 指令结束子程序。

（2）样例

① 子程序调用。

```
1'＊＊＊MAIN PROGRAM＊＊＊'
2 GoSub＊SUB_INIT'  跳转到子程序＊SUB_INIT行
3 Mov P1'  前进到 P1 点
 ⋮
100'＊＊＊SUB INIT＊＊＊'
101 ＊SUB_INIT'  子程序标记
102 PSTART= P1'  设置
103 M100= 123'  赋值
104 Return 1'  返回到子程序调用指令的下一行(即第 3 步)
```

② 中断程序调用。

```
1 Def Act 1,M_In(17)= 1 GoSub＊Lact'  定义 Act 1 对应的中断程序
2 Act 1= 1'  中断区间生效
 ⋮
10 ＊Lact'  程序分支标记
11 Act 1= 0'  中断区间结束
12 M_Timer(1)= 0'  赋值
13 Mov P2'  前进到 P2 点
14 Wait M_In(17)= 0'  等待
15 Act 1= 1'  中断区间生效
16 Return 0'  返回到发生中断的单步
```

9.51　标签

（1）功能

标签（也称指针）用于在程序的分支处做标记，属于程序结构流程用标记。

（2）样例

```
1 ＊SUB1'  标签
2 If M1= 1 Then GoTo＊SUB1'  判断语句
3 ＊LBL1:If M_In(19)= 0 Then GoTo＊LBL1'  判断语句,＊LBL1是标签
```

9.52　Tool 数据的指令

（1）指令格式及说明

Tool ＜Tool 数据＞

① "Tool 数据"：以位置点表达的 Tool 数据。

② 本指令适用于双抓手的场合，Tool 数据包括抓手长度、机械 IF 位置、形位。单抓

手的情况下一般使用参数 MEXTL 设置即可。

③ 使用 Tool 指令设置的数据存储在参数 MEXTL 中。

（2）样例

① 直接以数据设置。

```
1 Tool(100,0,100,0,0,0)'  设置一个新的 Tool 坐标系,新坐标系原点 X= 100mm,Z= 100mm(实
际上变更了控制点)

2 Mvs P1'  前进到 P1 点

3 Tool P_NTool'  返回初始值(机械法兰面)
```

② 以直角坐标系内的位置点设置。

```
1 Tool PTL01'  设置一个新的 Tool 坐标系,以 PTL01 为原点

2 Mvs P1'  前进到 P1 点
```

9.53　设置一个新的世界坐标系

（1）指令格式及说明

① 用新原点表示一个新的世界坐标系。

Base ＜新原点＞

本指令通过设置偏置坐标建立一个新的世界坐标系。偏置坐标为以世界坐标系为基准观察到基本坐标系原点的坐标值。

② 用坐标系编号选择一个新的世界坐标系。

Base ＜坐标系编号＞

"坐标系编号"：0 表示系统初始坐标系 P_NBase（P_NBase＝0，0，0，0，0，0）；1～8 表示工件坐标系 1～8。

（2）样例

样例 1

```
1 Base(50,100,0,0,0,90)'  以新原点设置一个新的世界坐标系,这个点是基本坐标系原点在新
坐标系内的坐标值

2 Mvs P1'  前进到 P1 点

3 Base P2'  以 P2 点为原点设置一个新的世界坐标系

4 Mvs P1'  前进到 P1 点

5 Base 0'  返回初始坐标系
```

样例 2

```
1 Base 1'  选择 1 号坐标系

2 Mvs P1'  前进到 P1 点

3 Base 2'  选择 2 号坐标系

4 Mvs P1'  前进到 P1 点

5 Base 0'  选择初始坐标系
```

第10章　学习编程语言中的函数

在机器人的编程语言中，提供了大量的运算函数，提高了编程的便利性。本章将详细介绍这些运算函数的用法。

10.1　Abs（求绝对值）

（1）格式
<数值变量>＝Abs(<数式>)
（2）样例

```
1 P2.C= Abs(P1.C)'  将 P1 点 C 轴数据求绝对值后赋予 P2 点 C 轴
2 Mov P2'  前进到 P2 点
3 M2= - 100'  赋值
4 M1= Abs(M2)'  将 M2 求绝对值后赋值到 M1
```

10.2　Asc（求字符串的 ASCII 码）

（1）格式
<数值变量>＝Asc(<字符串>)
（2）样例

```
1 M1= Asc("A")'  M1= &H41
```

10.3　Atn/Atn2（求余切）

（1）格式
① <数值变量>＝Atn(<数式>)
② <数值变量>＝Atn2(<数式 1>,<数式 2>)
（2）术语解释
① "数式"：$\Delta Y/\Delta X$。

② "数式 1"：ΔY。

③ "数式 2"：ΔX。

（3）样例

```
1 M1= Atn(100/100)'  M1= π/4(弧度)
2 M2= Atn2(-100,100)'  M1= - π/4(弧度)
```

（4）说明

根据数据计算余切，单位为弧度。Atn 范围为 $-\pi/2 \sim \pi/2$；Atn2 范围为 $-\pi \sim \pi$。

10.4　CalArc（求圆弧的半径、中心角和弧长）

（1）格式

<数值变量 4>=CalArc(<位置 1>,<位置 2>,<位置 3>,<数值变量 1>,<数值变量 2>,<数值变量 3>,<位置变量 1>)

（2）术语解释

① "位置 1"：圆弧起点。

② "位置 2"：圆弧通过点。

③ "位置 3"：圆弧终点。

④ "数值变量 1"：计算得到的圆弧半径（mm）。

⑤ "数值变量 2"：计算得到的圆弧中心角（deg）。

⑥ "数值变量 3"：计算得到的圆弧长度（mm）。

⑦ "位置变量 1"：计算得到的圆弧中心坐标。

⑧ "数值变量 4"：函数计算值。≥1 可正常计算；≥-1 给定的两点为同一点，或三点在一直线上；≥-2 给定的三点为同一点。

（3）样例

```
1 M1= CalArc(P1,P2,P3,M10,M20,M30,P10)'  求圆弧各参数
2 If M1< > 1 Then End'  若各设定条件不对,则结束程序
3 MR= M10'  将圆弧半径代入 MR
4 MRD= M20'  将圆弧中心角代入 MRD
5 MARCLEN= M30'  将圆弧长度代入 MARCLEN
6 PC= P10'  将圆弧中心坐标代入 PC
```

10.5　CInt（将数据四舍五入后取整）

（1）格式

<数值变量>=CInt(<数据>)

（2）样例

```
1 M1= CInt(1.5)'  M1= 2
2 M2= CInt(1.4)'  M2= 1
3 M3= CInt(- 1.4)'  M3= - 1
4 M4= CInt(- 1.5)'  M4= - 2
```

10.6 Cos（求余弦）

（1）格式
<数值变量>＝Cos(<数据>)
（2）样例

```
1 M1= Cos(Rad(60))'  将 60 弧度的余弦值代入 M1
```

（3）说明
① 角度单位为弧度。
② 计算结果范围为－1～1。

10.7 Deg（将角度单位从弧度转换为度）

（1）格式
<数值变量>＝Deg(<数式>)
（2）样例

```
1 P1= P_Curr'  设置 P1 点为当前位置
2 If Deg(P1.C)< 170 Or Deg(P1.C)> - 150 Then* NOErr1'  如果 P1.C 的度数小于 170°或大
于- 150°,则跳转到* NOErr1
3 Error 9100'  报警
4* NOErr1'  程序分支标记
```

10.8 Dist［求两点之间的距离（mm）］

（1）格式
<数值变量>＝Dist(<位置 1>,<位置 2>)
（2）样例

```
1 M1= Dist(P1,P2)'  M1 为 P1 与 P2 两点之间的距离
```

（3）说明
J 关节点无法使用本功能。

10.9 Exp（计算以 e 为底的指数函数）

（1）格式
<数值变量>＝Exp(<数式>)
（2）样例

```
1 M1= Exp(2)'  M1= e²
```

10. 10　Fix（计算数据的整数部分）

（1）格式

＜数值变量＞＝Fix(＜数式＞)

（2）样例

```
1 M1= Fix(5.5)'  M1= 5
```

10. 11　Fram（建立坐标系）

（1）格式

＜位置变量 4＞＝Fram(＜位置变量 1＞,＜位置变量 2＞,＜位置变量 3＞)

（2）术语解释

①"位置变量 1"：新平面上的原点。

②"位置变量 2"：新平面上的 X 轴上的一点。

③"位置变量 3"：新平面上的 Y 轴上的一点。

④"位置变量 4"：新坐标系基准点。

（3）样例

```
1 Base P_NBase'  初始坐标系
2 P10= Fram(P1,P2,P3)'  通过给定点(P1,P2,P3)求新建坐标系原点 P10 在世界坐标系中的
位置
3 P10= Inv(P10)'  反向变换
4 Base P10'  新建世界坐标系
```

10. 12　Int（计算数据最大值的整数）

（1）格式

＜数值变量＞＝Int(＜数式＞)

（2）样例

```
1 M1= Int(3.3)'  M1= 3
```

10. 13　Inv（对位置数据进行反向变换）

图 10-1 所示为 Inv 变换，其可用于根据当前点建立新的工件坐标系，在视觉功能中，也可用于计算偏差量。

（1）格式

＜位置变量＞＝Inv(＜位置变量＞)

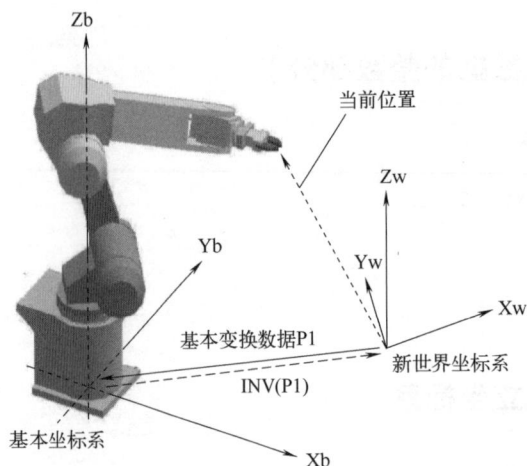

图 10-1　Inv 变换

（2）样例

```
1 P1= Inv(P1)'  对位置数据 P1 进行反向变换
```

（3）说明

在原坐标系中确定一点 P1，如果希望以 P1 作为新坐标系的原点，则使用 Inv 变换，即 P1＝Inv(P1)，则以 P1 为原点建立了新的坐标系。

10. 14　JtoP（将关节型数据转换为直交型数据）

（1）格式

＜直交型位置变量＞＝JtoP(＜关节型位置变量＞)

（2）样例

```
1 P1= JtoP(J1)'  将关节型数据 J1 转换为直交型数据 P1
```

（3）说明

J1 为关节型位置变量；P1 为直交型位置变量。

10. 15　Log［计算常用对数（以 10 为底的对数）］

（1）格式

＜数值变量＞＝Log(＜数式＞)

（2）样例

```
1 M1= Log(2)'  M1= 0. 301030
```

10. 16　Max（求最大值）

（1）格式

＜数值变量＞＝Max(＜数式 1＞,＜数式 2＞,＜数式 3＞,…)

（2）样例

```
1 M1= Max(2,1,3,4,10,100)'  M1 = 100
```

10.17　Min（求最小值）

（1）格式

＜数值变量＞＝Min(＜数式 1＞,＜数式 2＞,＜数式 3＞,…)

（2）样例

```
1 M1= Min(2,1,3,4,10,100)'  M1= 1
```

10.18　PosCq（检查给出的位置点是否在允许的动作范围内）

（1）格式

＜数值变量＞＝PosCq(＜位置变量＞)

（2）术语解释

"位置变量"可以是直交型变量，也可以是关节型变量。

（3）样例

```
1 M1= PosCq(P1)'  检查 P1 点是否在允许的动作范围内
```

（4）说明

如果 P1 点在动作范围内，M1＝1；如果 P1 点在动作范围外，M1＝0。

10.19　PosMid（求两点之间进行直线插补的中间位置点）

（1）格式

＜位置变量＞＝PosMid(＜位置变量 1＞,＜位置变量 2＞,＜数式 1＞,＜数式 2＞)

（2）术语解释

"位置变量 1"：直线插补起点。

"位置变量 2"：直线插补终点。

（3）样例

```
1 P1= PosMid(P2,P3,0,0)'  P1 点为 P2、P3 两点的中间位置点
```

10.20　PtoJ（将直交型数据转换为关节型数据）

（1）格式

＜关节型位置变量＞＝PtoJ(＜直交型位置变量＞)

（2）样例

```
1 J1= PtoJ(P1)'  将直交型数据 P1 转换为关节型数据 J1
```

（3）说明

J1 为关节型位置变量，P1 为直交型位置变量。

10.21　Rad（将角度单位从度转换为弧度）

（1）格式

＜数值变量＞＝Rad（＜数式＞）

（2）样例

```
1 P1= P_Curr'  设置 P1 点为当前位置
2 P1.C= Rad(90)'  将 P1 点 C 轴数据转换为弧度
3 Mov P1'  前进到 P1 点
```

（3）说明

常用于对位置变量中形位的计算和三角函数的计算。

10.22　Rdfl2（求指定关节轴的旋转圈数）

（1）格式

＜设置变量＞＝Rdfl2（＜位置变量＞，＜数式＞）

（2）术语解释

"数式"：指定关节轴。

（3）样例

```
1 P1= (100,0,100,180,0,180)(7,&H00100000)'  设置 P1 点
2 M1= Rdfl2(P1,6)'  将 P1 点 C 轴旋转圈数赋值到 M1
```

（4）说明

取得的数据范围为－8～7。正数表示正向旋转的圈数。旋转圈数为－1～－8 时，显示形式为 F～8。例如：J6 轴旋转圈数＝＋1 圈，则 FL2＝00100000；J6 轴旋转圈数＝－1 圈，则 FL2＝00F00000。

10.23　Rnd（产生一个随机数）

（1）格式

＜数值变量＞＝Rnd（＜数式＞）

（2）术语解释

"数式"：指定随机数的初始值。

"数值变量"：数据范围 0.0～1.0。

（3）样例

```
1 Dim MRND(10)'  定义数组
2 C1= Right$ (C_Time,2)'  (截取字符串)C1="me"
3 MRNDBS= Cvi(C1)'  将字符串 me 转换为数值
```

```
4 MRND(1)= Rnd(MRNDBS)' 以 MRNDBS 为初始值产生一个随机数
5 For M1= 2 To 10' 循环指令及条件
6 MRND(M1)= Rnd(0)' 以 0 为初始值产生一个随机数赋值到 MRND(2)~MRND(10)
7 Next M1' 进入下一循环
```

10.24　SetJnt（设置关节型位置变量的值）

（1）格式

＜关节型位置变量＞＝SetJnt(＜J1 轴＞,＜J2 轴＞,＜J3 轴＞,＜J4 轴＞,＜J5 轴＞,
＜J6 轴＞,＜J7 轴＞,＜J8 轴＞)

（2）样例

```
1 J1= J_Curr' 设置 J1 点为当前位置
2 For M1= 0 To 60 Step 10' 设置循环指令及循环条件
3 M2= J1.J3+ Rad(M1)' 将 J1 点 J3 轴数据加 M1(弧度值)后赋值到 M2
4 J2= SetJnt(J1.J1,J1.J2,M2)' 设置 J2 点数据(J3 轴数值每次增加 10rad,J4 轴以后为相同
的值)
5 Mov J2' 前进到 J2 点
6 Next M1' 下一循环
7 M0= Rad(0)' 取弧度值
8 M90= Rad(90)' 取弧度值
9 J3= SetJnt(M0,M0,M90,M0,M90,M0)' 设置 J3 点数据
10 Mov J3' 前进到 J3 点
```

（3）说明

J1~J8 轴：单位为弧度（rad）。

10.25　SetPos（设置直交型位置变量的值）

（1）格式

＜直交型位置变量＞＝SetPos(＜X 轴＞,＜Y 轴＞,＜Z 轴＞,＜A 轴＞,＜B 轴＞,＜
C 轴＞,＜L1 轴＞,＜L2 轴＞)

（2）样例

```
1 P1= P_Curr' 设置 P1 点为当前位置
2 For M1= 0 To 100 Step 10' 设置循环指令及循环条件
3 M2= P1.Z+ M1' 将 P1.Z+ M1 赋值到 M2
4 P2= SetPos(P1.X,P1.Y,M2)' 设置 P2 点数据(Z 轴数值每次增加 10mm,A 轴以后为相同的值)
5 Mov P2' 前进到 P2 点
6 Next M1' 下一循环
```

（3）说明

① X 轴~Z 轴：单位为毫米（mm）。

② A 轴～C 轴：单位为弧度（rad）。

③ 可以用于以函数方式表示运行轨迹的场合。

10.26　Sgn（求数据的符号）

（1）格式

＜数值变量＞＝Sgn（＜数式＞）

（2）样例

```
1 M1= - 12'  赋值
2 M2= Sgn(M1)'  求 M1 的符号(M2= - 1)
```

（3）说明

① 数式＝正数，数值变量＝1。

② 数式＝0，数值变量＝0。

③ 数式＝负数，数值变量＝－1。

10.27　Sin（求正弦）

（1）格式

＜数值变量＞＝Sin（＜数式＞）

（2）例句

```
1 M1= Sin(Rad(60))'  M1= 0.86603
```

（3）说明

数式的单位为弧度。

10.28　Sqr（求平方根）

（1）格式

＜数值变量＞＝Sqr（＜数式＞）

（2）例句

```
1 M1= Sqr(2)'  求 2 的平方根(M1 = 1.41421)
```

10.29　Tan（求正切）

（1）格式

＜数值变量＞＝Tan（＜数式＞）

（2）例句

```
1 M1= Tan(Rad(60))'  M1= 1.73205
```

（3）说明

数式的单位为弧度。

10.30　Zone（检查指定的位置点是否进入指定的区域）

图 10-2 所示为 Zone 功能示意。

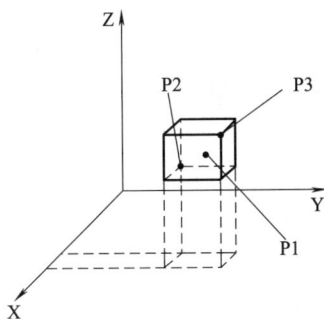

图 10-2　Zone 功能示意

（1）格式

＜数值变量＞＝Zone（＜位置 1＞,＜位置 2＞,＜位置 3＞）

（2）样例

```
1 M1= Zone(P1,P2,P3)'  检测 P1 点是否进入指定的空间
2 If M1= 1 Then Mov P_Safe Else End'  判断-选择语句
```

（3）说明

① 位置 1 为被检测点，位置 2、位置 3 为构成指定区域的空间对角点。

② 位置 1、位置 2、位置 3 为直交型位置点 P1、P2、P3。

③ 数值变量＝1，被检测点进入指定的区域；数值变量＝0，被检测点没有进入指定的区域。

10.31　Zone2　［检查指定的位置点是否进入指定的区域（圆筒）］

图 10-3 所示为 Zone2 功能示意。

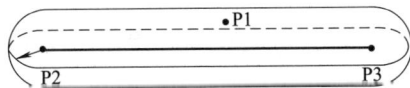

图 10-3　Zone2 功能示意

（1）格式

＜数值变量＞＝Zone2（＜位置 1＞,＜位置 2＞,＜位置 3＞,＜数式＞）

（2）样例

```
1 M1= Zone2(P1,P2,P3,50)'  检测 P1 点是否进入指定的空间
2 If M1= 1 Then Mov P_Safe Else End'  判断-选择语句
```

（3）说明

① 位置 1 为被检测点，位置 2、位置 3 为构成指定圆筒区域的空间点。

② 数式给出两端半球的半径。

③ 位置 1、位置 2、位置 3 为直交型位置点 P1、P2、P3。

④ 数值变量＝1，被检测点进入指定的区域；数值变量＝0，被检测点没有进入指定的区域。

⑤ Zone2 只用于检查指定的位置点是否进入指定的圆筒区域，不考虑形位。

10.32 Zone3［检查指定的位置点是否进入指定的区域（长方体）］

图 10-4 所示为 Zone3 功能示意。

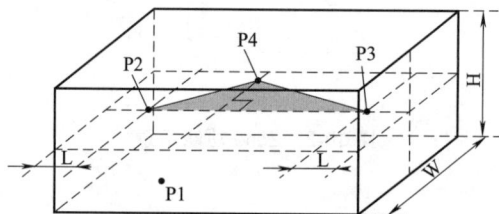

图 10-4 Zone3 功能示意

（1）格式

＜数值变量＞＝Zone(＜位置 1＞,＜位置 2＞,＜位置 3＞,＜位置 4＞,＜数式 W＞,＜数式 H＞,＜数式 L＞)

（2）样例

```
1 M1= Zone3(P1,P2,P3,P4,100,100,50)'  检测 P1 点是否进入指定的空间
2 If M1= 1 Then Mov P_Safe Else End'  判断-选择语句
```

（3）说明

① 位置 1 为被检测点，位置 2、位置 3 为构成指定区域的空间点；位置 4 为与位置 2、位置 3 共同构成指定平面的点。

② 位置 1、位置 2、位置 3、位置 4 为直交型位置点 P1、P2、P3、P4。

③ 数式 W 为指定区域宽；数式 H 为指定区域高；数式 L 为以位置 2、位置 3 为基准的指定区域长。

④ 数值变量＝1，被检测点进入指定的区域；数值变量＝0，被检测点没有进入指定的区域。

第11章 读取控制器工作状态的手段 ——学习和使用状态变量

机器人的工作状态如当前位置等是可以用变量的形式表示的。实际上每一种工业控制器都有表示自身工作状态的功能。机器人的状态变量就是表示机器人工作状态的数据，在实际应用中极为重要。本章将详细解释各机器人状态变量的定义、功能和使用方法。

11.1 P_Curr（当前位置）

（1）格式

＜位置变量＞＝P_Curr(＜机器人编号＞)

（2）样例

```
1 Def Act 1,M_In(10)= 1 GoTo* LACT'  定义一个中断程序
2 Act 1= 1'  中断区间有效
3 Mov P1'  前进到 P1 点
4 Mov P2'  前进到 P2 点
5 Act 1= 0'  中断区间无效
100* LACT'  程序分支标记
101 P100= P_Curr'  设置 P100 为当前位置
102 Mov P100,-100'  移动到 P100 的近点位置
103 End'  结束
```

（3）说明

① 位置变量以 P 开头，是表示位置点的直交型变量。

② 机器人编号为 1～3，省略时为 1。

11. 2　P_Fbc（以伺服系统反馈脉冲表示的当前位置）

（1）格式

＜位置变量＞＝P_Fbc(＜机器人编号＞)

（2）样例

```
1 P1= P_Fbc'  P1点为以脉冲表示的当前位置
```

（3）说明

机器人编号为1～3，省略时为1。

11. 3　J_ Curr（各关节轴的当前位置数据）

（1）格式

＜关节型变量＞＝J_Curr(＜机器人编号＞)

（2）样例

```
1 J1= J_Curr'  设置J1为当前位置
```

（3）说明

① 注意要使用关节型位置变量，J开头。

② 机器人编号为1～3，省略时为1。

③ 以各关节轴的旋转角度表示的当前位置数据，是在编写程序时经常使用的重要数据。

11. 4　J_ ECurr（当前编码器脉冲值）

（1）格式

＜关节型变量＞＝J_ECurr(＜机器人编号＞)

（2）样例

```
1 JA= J_ECurr(1)'  设置JA为各轴脉冲值
2 MA= JA.J1'  设置MA为J1轴脉冲值
```

（3）说明

① 注意要使用关节型位置变量，J开头。

② 机器人编号为1～3，省略时为1。

11. 5　J_ Fbc/J_ AmpFbc（关节轴的当前位置/关节轴的当前电流值）

（1）格式

① ＜关节型变量＞＝J_Fbc(＜机器人编号＞)

② ＜关节型变量＞＝J_AmpFbc(＜机器人编号＞)

（2）样例

```
1 J1= J_Fbc'  J1= 关节轴当前位置
2 J2= J_AmpFbc'  J2= 关节轴当前电流值
```

（3）说明

① 注意要使用关节型位置变量，J 开头。

② 机器人编号为 1～3，省略时为 1。

③ 关节轴当前位置是以编码器实际反馈脉冲表示的。

11.6　M_ LdFact（各轴的负载率）

负载率是指实际载荷与额定载荷之比（实际电流与额定电流之比）。

（1）格式

＜数值变量＞＝M_LdFact(＜轴号＞)

（2）样例

```
1 Accel 100,100'  设置加减速时间比= 100%
2 * Label
3 Mov P1
4 Mov P2
5 If M_LdFact(2)> 90 Then'  如果 J2 轴的负载率大于 90% ,则
6 Accel 50,50'  将加减速时间比降低到原来的 50%
7 M_SetAdl(2)= 50'  将 J2 轴的加减速时间比再设定为 50%（实际为 50% ×50% = 25%）
8 Else 否则
9 Accel 100,100'  将加减速时间比调整到原来的 100%
10 EndIf
11 GoTo* Label
```

（3）说明

若负载率过大，则必须延长加减速时间或改变机器人的工作状态。

视频31
讲解状态变量——机器人各轴负载率

11.7　M_In/M_Inb/M_In8/M_Inw/M_In16（输入信号状态）

M_In 为以位为单位的输入信号；M_Inb/M_In8 为以字节（8 位）为单位的输入信号；M_Inw/M_In16 为以字（16 位）为单位的输入信号。

（1）格式

① ＜数值变量＞＝M_In(＜数式＞)

② ＜数值变量＞＝M_Inb（＜数式＞）或 M_In8（＜数式＞）

③ ＜数值变量＞＝M_Inw（＜数式＞）或 M_In16（＜数式＞）

（2）样例

```
1 M1% = M_In(10010)'  M1= 输入信号 10010 的值（1 或 0）
2 M2% = M_Inb(900)'  M2= 输入信号 900～907 的 8 位数值
3 M3% = M_Inb(10300)And &H7'  M3= 输入信号 10300～10307 与 H7 的逻辑和运算值
4 M4% = M_Inw(15000)'  M4= 输入信号 15000～15015 构成的数据值（相当于一个 16 位的数据
寄存器）
```

（3）说明

数式是输入信号地址，例如：0～255 通用输入信号；716～731 多抓手信号；900～907 抓手信号；2000～5071 Profibus 用信号；6000～8047 CC-Link 用信号。

11.8 M_Out/M_Outb/M_Out8/M_Outw/M_Out16 ［输出信号状态（指定或读取输出信号状态）］

M_Out 为以位为单位的输出信号；M_Outb/M_Out8 为以字节（8 位）为单位的输出信号；M_Outw/M_Out16 为以字（16 位）为单位的输出信号。

（1）格式

① M_Out（＜数式 1＞）＝＜数值 2＞

② M_Outb（＜数式 1＞）或 M_Out8（＜数式 1＞）＝＜数值 3＞

③ M_Outw（＜数式 1＞）或 M_Out16（＜数式 1＞）＝＜数值 4＞

④ M_Out（＜数式 1＞）＝＜数值 2＞Dly＜时间＞

⑤ ＜数值变量＞＝M_Out（＜数式 1＞）

（2）样例

```
1 M_Out(902)= 1'  指令输出信号 902= ON
2 M_Outb(10016)= &HFF'  指令输出信号 10016～10023 的 8 位= ON
3 M_Outw(10032)= &HFFFF'  指令输出信号 10032～10047 的 16 位= ON
4 M4= M_Outb(10200)And &H0F'  M4= 输出信号 10200～10207 与 H0F 的逻辑和
```

（3）说明

① 数式 1 用于指定输出信号的地址，例如：10000～18191 多 CPU 共用软元件；0～255 外部 I/O 信号；716～723 多抓手信号；900～907 抓手信号；2000～5071 Profibus 用信号；6000～8047 CC-Link 用信号。

② 数值 2、数值 3、数值 4 为输出信号输出值，可以是常数、变量、数值表达式。数值 2 设置范围为 0 或 1；数值 3 设置范围为－128＋127；数值 4 设置范围为－32768＋32767。

③ 时间即设置输出信号＝ON 的时间，单位为秒（s）。

④ 输出信号状态变量与其他状态变量不同，输出信号状态变量是可以对其进行指令的变量，而不仅仅是读取其状态的变量，实际上更多的是对输出信号进行设置，指令输出信号＝ON/OFF。

第12章　认识机器人的常用参数

参数用于赋予机器人不同的工作性能。为了便于读者学习掌握各参数的意义和设置方法，下面结合 RT ToolBox 软件的使用解释各参数的功能。

12.1　动作参数

参数	名称	说明
MEJAR	动作范围	用于设置各轴行程范围（关节轴旋转范围）

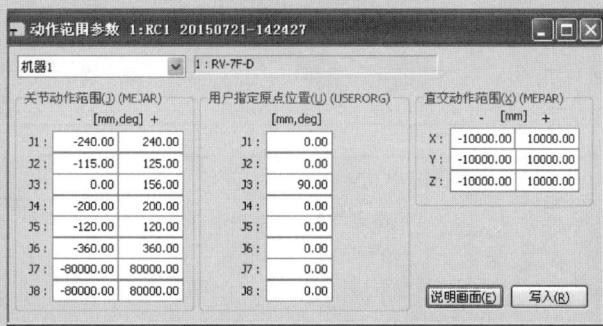

参数	名称	说明
MEPAR	各轴在直角坐标系行程范围	设置各轴在直角坐标系内的行程范围

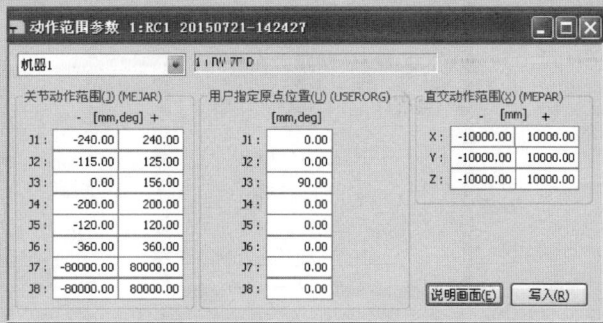

参数	名称	说明
USERORG	用户设置的原点	用户自行设置的原点。用户设置的关节轴原点，以初始原点为基准

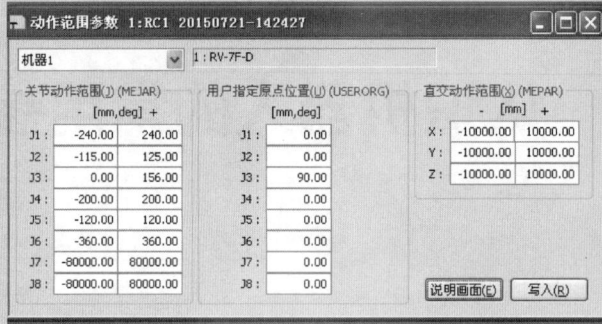

参数	名称	说明
MELTEXS	机械手前端行程限制	用于限制机械手前端对基座的干涉。MELTEXS＝0 限制无效，MELTEXS＝1 限制有效

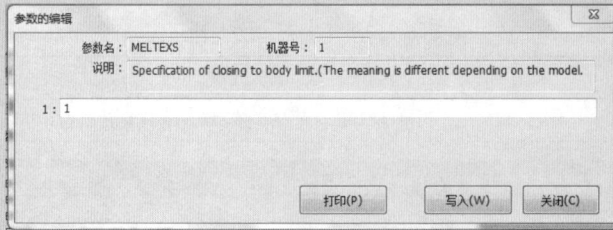

参数	名称	说明
JOGJSP	JOG 步进行程和速度倍率	设置关节轴 JOG 的步进行程和速度倍率。在 JOG 模式下，每按一次［JOG］键，（轴）移动一个定长距离，称为步进。可用于示教时的精确动作，步进行程越小，调整越精确

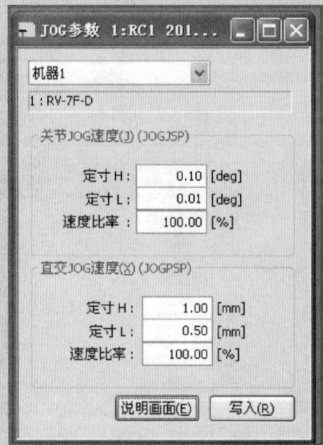

参数	名称	说明
JOGPSP	JOG 步进行程和速度倍率	设置以直角坐标系表示的 JOG 的步进行程和速度倍率。可用于示教时的精确动作,步进行程越小,调整越精确

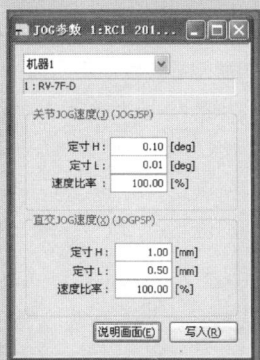

参数	名称	说明
MEXBS	基本坐标系偏置	设置基本坐标系原点在世界坐标系中的位置(偏置)

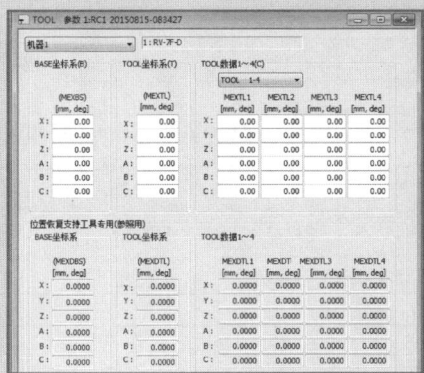

参数	名称	说明
MEXTL	标准工具坐标系偏置(TOOL 坐标系也称为抓手坐标系)	设置抓手坐标系原点在机械 IF 坐标系中的位置(偏置)

参数	名称	说明
MEXTL1～MEXTL16	TOOL 坐标系偏置	设置 TOOL 坐标系。可设置 16 个，互相切换

参数	名称	说明
MEXBSNO	世界坐标系编号	设置世界坐标系编号。MEXBSNO＝0 初始设置，MEXBSNO＝1～8 工件坐标系。如果是由 Base 指令设置世界坐标系或直接设置为标准世界坐标系时，在读取状态下 MEXBSNO＝−1。这样工件坐标系也可以理解为世界坐标系

参数	名称	说明
AREA*AT	报警类型	设置报警类型。AREA* AT＝0 无报警，AREA* AT＝1 信号输出，AREA* AT＝2 报警输出

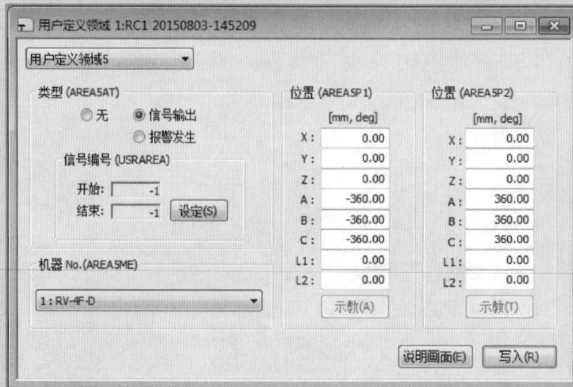

参数	名称	说明
USRAREA	报警输出信号	设置最低位和最高位的输出信号

参数	名称	说明
AREA*P*	空间的一个对角点	设置用户定义区的一个对角点。用户定义区是用户自行设计的以两个对角点设置的一个空间区域

参数	名称	说明
AREA*CS	基准坐标系	设置用户定义区的基准坐标系。AREA*CS=0 世界坐标系；AREA*CS=1 基本坐标系

参数	名称	说明
AREA*ME	机器人编号	设置机器人编号。AREA*ME=0 无效；AREA*ME=1 机器人 1（常设）；AREA*ME=2 机器人 2；AREA*ME=3 机器人 3

参数	名称	说明
SFC*AT	平面限制区有效无效选择	设置平面限制区有效无效。SFC*AT=0 无效，SFC*AT=1 可动作区在原点一侧，SFC*AT=−1 可动作区在无原点一侧

续表

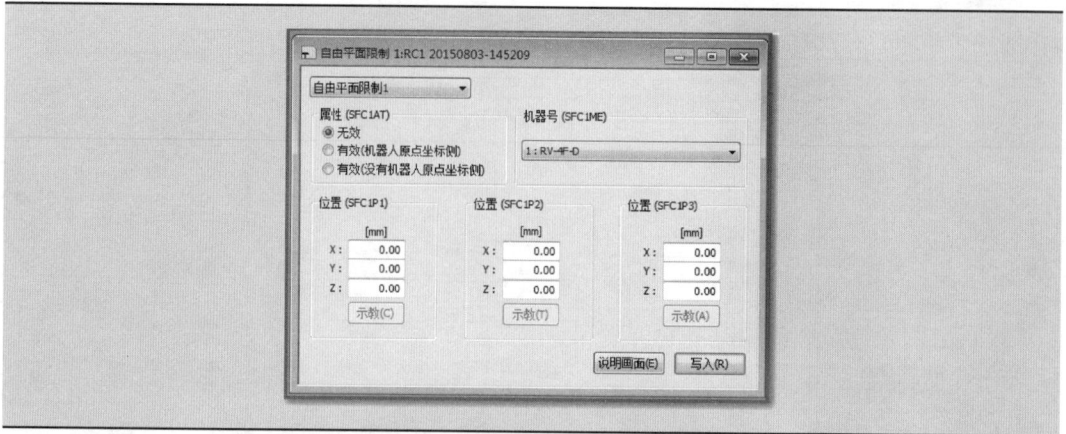

参数	名称	说明
SFC*P1		
SFC*P2	构成平面的三点	设置构成平面的三点
SFC*P3		

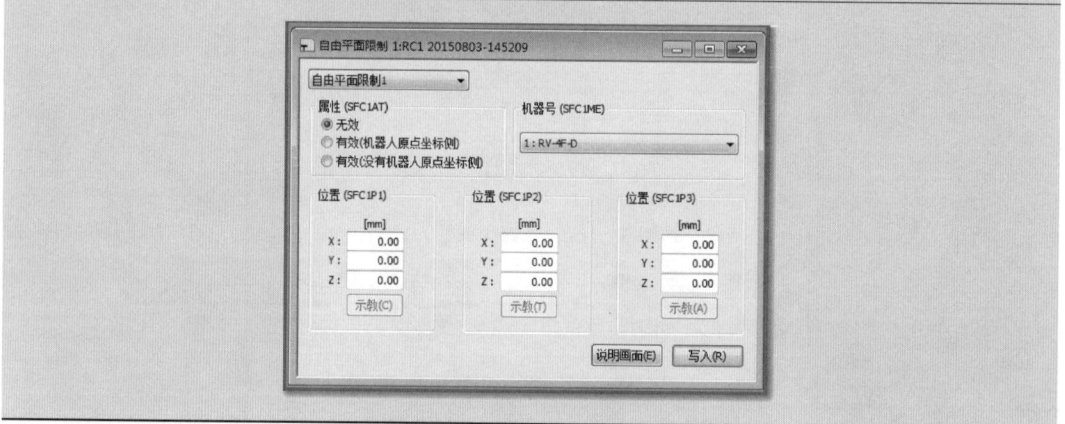

参数	名称	说明
SFC*ME	机器人编号	设置机器人编号。SFC*ME＝1 机器人 1；SFC*ME＝2 机器人 2；SFC*ME＝3 机器人 3

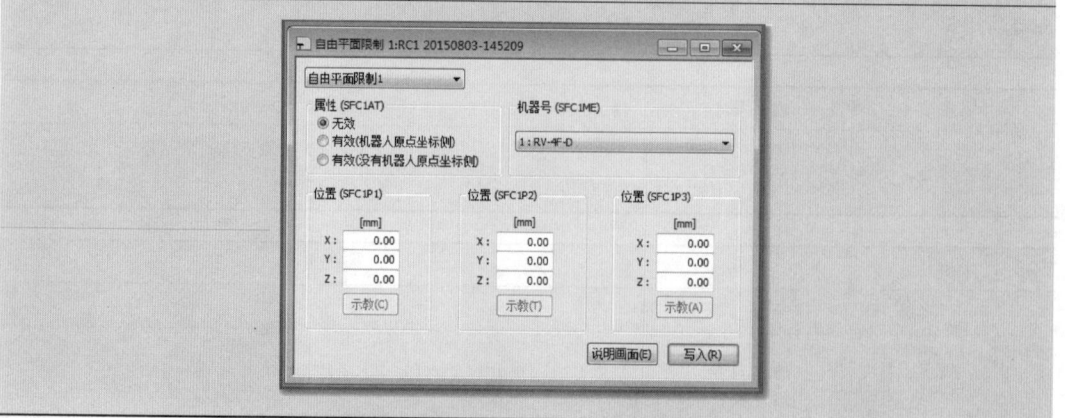

参数	名称	说明
JSAFE	退避点	设置一个应对紧急状态的退避点。以关节轴的角度(deg)进行设置。操作时,可用示教单元定好退避点位置。如果通过外部信号操作,则必须分配好退避点启动信号

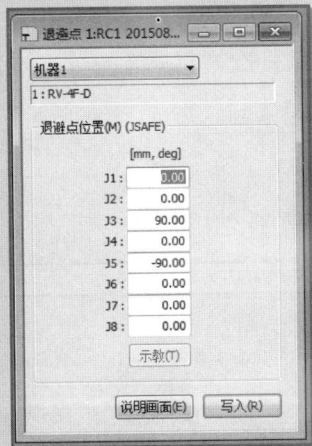

参数	名称	说明
MORG	机械限位器原点	设置机械限位器原点(J1,J2,J3,J4,J5,J6,J7,J8)

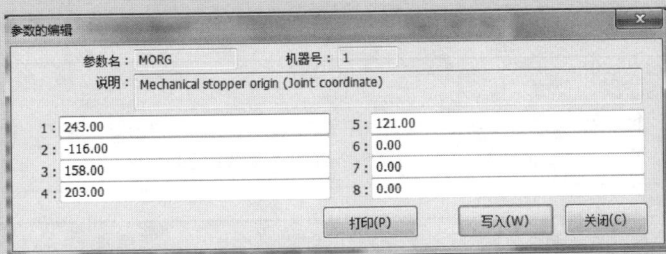

参数	名称	说明
MESNGLSW	接近特异点是否报警	设置接近特异点是否报警。MESNGLSW＝0 无效,MESNGLSW＝1 有效

参数	名称	说明
JOGSPMX	示教模式下 JOG 速度限制值	设置示教模式下 JOG 速度限制值

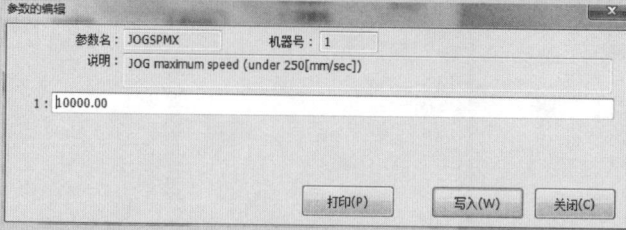

参数的编辑

参数名：JOGSPMX　　　机器号：1

说明：JOG maximum speed (under 250[mm/sec])

1：10000.00

打印(P)　　写入(W)　　关闭(C)

参数	名称	说明
WKnCORD	工件坐标系	设置工件坐标系（n=1～8）

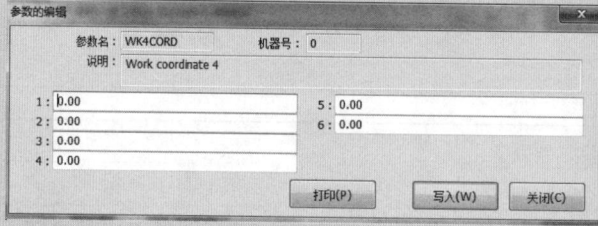

参数的编辑

参数名：WK4CORD　　　机器号：0

说明：Work coordinate 4

1：0.00　　　　　5：0.00
2：0.00　　　　　6：0.00
3：0.00
4：0.00

打印(P)　　写入(W)　　关闭(C)

参数	名称	说明
RETPATH	程序中断执行 JOG 动作后的返回形式	设置程序中断执行 JOG 动作后的返回形式。RETPATH＝0 无效，RETPATH＝1 以关节插补返回，RETPATH＝2 以三轴直交插补返回

参数	名称	说明
MEGDIR	重力在各轴方向上的投影值	设置重力在各轴方向上的投影值。由于安装方位的影响，重力加速度在各轴的投影值不同，因此要分别设置

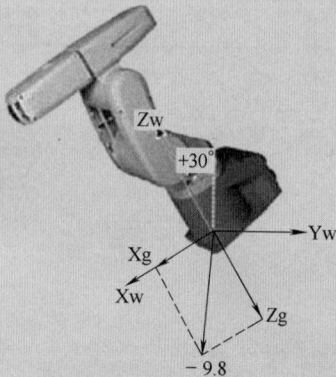

以倾斜 30°为例：

X 轴重力加速度（Xg）＝9.8×sin30°＝4.9

Z 轴重力加速度（Zg）＝9.8×cos30°＝8.5

因为 Z 轴与重力方向相反，所以为－8.5

Y 轴重力加速度（Yg）＝0.0

所以设定值为（3.0,4.9,0.0,－8.5）

安装方位	设定值（安装形式，X 轴重力加速度，Y 轴重力加速度，Z 轴重力加速度）
水平安装	(0.0,0.0,0.0,0.0)
挂壁	(1.0,0.0,0.0,0.0)
垂吊	(2.0,0.0,0.0,0.0)
任意方位	(3.0,0.0,0.0,0.0)

参数	名称	说明
ACCMODE	最佳加减速模式	设置上电后是否选择最佳加减速模式。ACCMODE＝0 无效，ACC-MODE＝1 有效

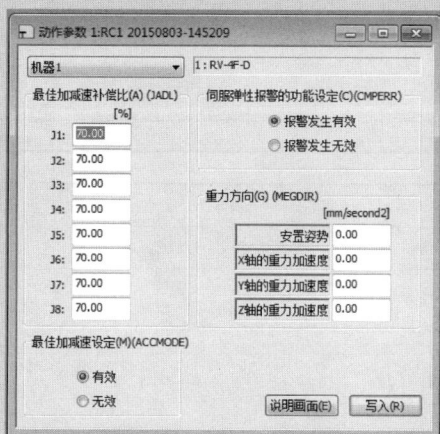

参数	名称	说明
JADL	最佳加减速倍率	设置最佳加减速倍率

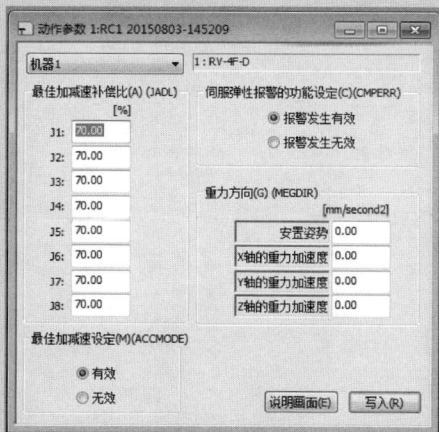

参数	名称	说明
CMPERR	伺服柔性控制报警选择	设置伺服柔性控制报警选择。CMPERR＝0 不报警，CMPERR＝1报警

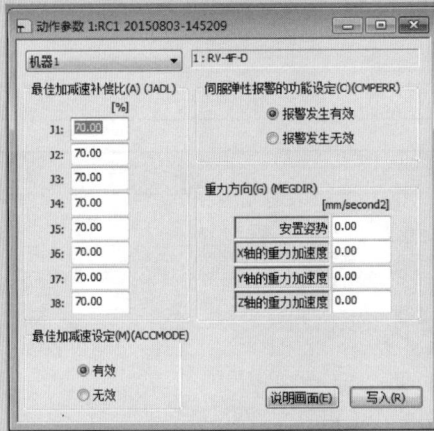

参数	名称	说明
COL	碰撞检测	设置碰撞检测功能
COLLVL	自动运行时碰撞检测级别	1％～500％
COLLVLJG	JOG 运行时碰撞检测级别	1％～500％

数值越小，灵敏度越高。需要进行以下设置：设置碰撞检测功能（COL 功能）的有效无效；上电后的初始状态下碰撞检测功能（COL 功能）的有效无效；JOG 操作中碰撞检测功能（COL 功能）的有效无效。可选择无报警状态

参数	名称	说明
WUPENA	预热运行模式	WUPENA＝0 无效，WUPENA＝1 有效
WUPAXIS	预热运行对象轴	bit ON 对象轴，bit OFF 非对象轴
WUPTIME	预热运行时间	单位：分(1～60)
WUPOVRD	预热运行速度倍率	

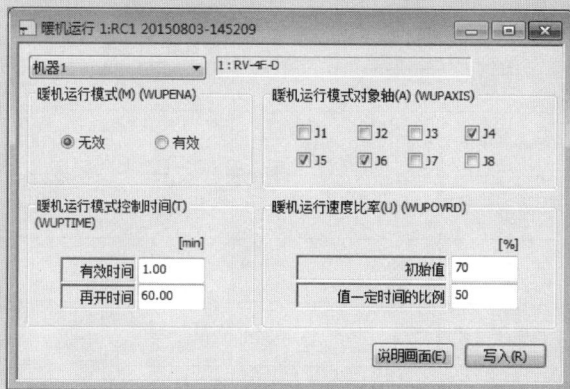

参数	名称	说明
HIOTYPE	抓手用电磁阀输入信号源型/漏型选择	HIOTYPE＝0 源型，HIOTYPE＝1 漏型

参数	名称	说明
HANDTYPE	设置电磁阀单线圈/双线圈及对应的外部信号	HANDTYPE＝S*** 单线圈，HANDTYPE＝D*** 双线圈，HANDTYPE＝UMAC* 特殊规格

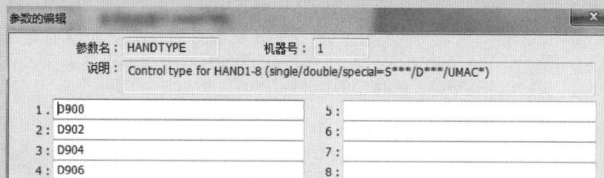

参数	名称	说明
HANDINIT	气动抓手的初始界面状态	HANDINIT 表示上电时各抓手的开关状态。关系到安全性，如果上电后抓手打开，可能会造成原来夹持的工件掉落，设置时必须特别注意

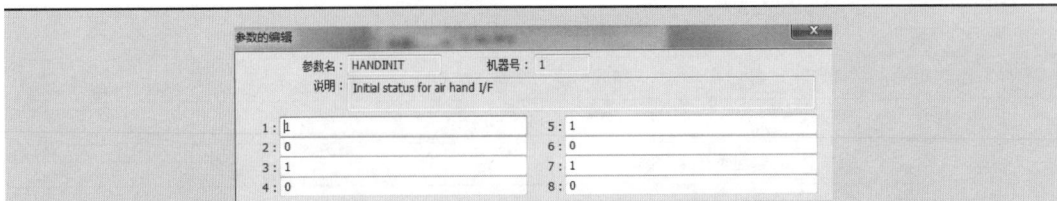

出厂设置如下：

抓手的种类	状态	输出信号号码的状态		
		机器人 1	机器人 2	机器人 3
安装气动抓手时（假设为双螺线管）	抓手 1＝开	900＝1 901＝0	910＝1 911＝0	920＝1 921＝0
	抓手 2＝开	902＝1 903＝0	912＝1 913＝0	922＝1 923＝0
	抓手 3＝开	904＝1 905＝0	914＝1 915＝0	924＝1 925＝0
	抓手 4＝开	906＝1 907＝0	916＝1 917＝0	926＝1 927＝0

参数	名称	说明
HNDHOLD1	抓手开状态与夹持工件关系	HNDHOLD1＝0 不夹持工件，HNDHOLD1＝1 夹持工件

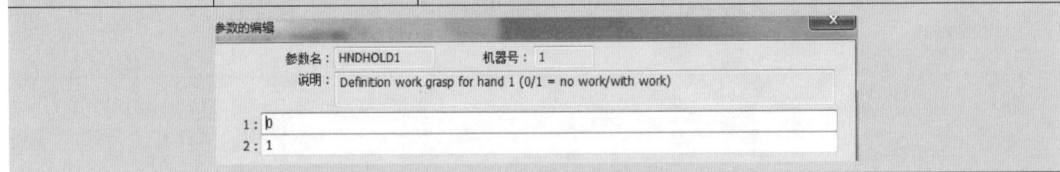

12.2 程序参数

参数	名称	说明
SLT*	任务区设置	用于设置每一任务区内的程序名、运行模式、启动条件等 程序名：只能用大写字母，不识别小写字母 运行模式：REP 程序连续循环执行；CYC 程序单次执行 启动条件：START 由 START 信号启动；ALWAYS 上电立即启动；ERROR 发生报警时启动（多用于报警应急程序，不能执行有关运动的动作）

参数	名称	说明
TASKMAX	多任务个数	设置同时执行程序的个数，初始值为 8。同时执行的程序，只可能一个是动作程序，其余为数据信息处理程序，这样才不会出现动作混乱的情况

参数	名称	说明
SLOTON	程序选择记忆	设置已经选择的程序是否保持。SLOTON＝0 记忆无效、非保持，SLOTON＝1 记忆有效、非保持，SLOTON＝2 记忆无效、保持；SLOTON＝3 记忆有效、保持 本参数用于设置选择程序在断电/上电后是否保持原来的选择状态。记忆：断电/上电后保持原来选择的程序（在任务区 1 内）。保持：程序循环执行结束后保持原程序名

参数	名称	说明
CTN	继续工作	CTN＝0 无效，CTN＝1 有效 继续功能：在程序执行过程中，如果断电，则保存所有工作状态，在上电后从断电处开始执行，因此必须特别注意安全。视觉指令不支持这一功能

参数	名称	说明
PRGMDEG	程序内位置数据旋转部分的单位	PRGMDEG＝0　RAD(弧度)，PRGMDEG＝1　DEG(度) 每一点的位置数据(X,Y,Z,A,B,C)，其中 A/B/C 为旋转轴部分。本参数用于设置 A/B/C 旋转轴的单位是"弧度"还是"度"。初始设置为 DEG

参数	名称	说明
PRGGBL	程序保存区域大小	本参数用于设置程序保存区域的大小。PRGGBL＝0 标准型，PRG-GBL＝1 扩展型

参数的编辑 ✕
参数名：PRGGBL 机器号：0
说明：System global variable(0:Standard/1:Ext.)
1：1

参数	名称	说明
PRGUSR	用户基本程序名称	设置用户基本程序名称。用户基本程序是定义全局变量的程序，内容仅为 Def Inte 或 Dim

参数的编辑 ✕
参数名：PRGUSR 机器号：0
说明：User base program name
1：

参数	名称	说明
ALWENA	选择是否允许执行特殊指令	规定是否允许执行一些特殊指令。ALWENA＝0 不可执行，AL-WENA＝1 可执行 对于上电就启动执行的程序简称为上电执行程序，在上电执行程序中，某些特殊指令 Xrun、Xload、Xstp、Servo、Xrst、Reset Error 是否能够执行需要通过本参数设置

参数的编辑 ✕
参数名：ALWENA 机器号：1
说明：
1：0

参数	名称	说明
JRCEXE	选择是否允许执行JRC 指令	规定是否允许执行 JRC 指令。JRCEXE＝0 不可执行，JRCEXE＝1 可执行

参数的编辑 ✕
参数名：JRCEXE 机器号：1
说明：
1：0

参数	名称	说明
AXUNT	选择附加轴使用单位	设置附加轴的使用单位。AXUNT＝0 角度(deg)，AXUNT＝1 长度(mm)

续表

参数的编辑

参数名：AXUNT　　机器号：1
说明：

1: 0	5: 0	9: 0	13: 0
2: 0	6: 0	10: 0	14: 0
3: 0	7: 0	11: 0	15: 0
4: 0	8: 0	12: 0	16: 0

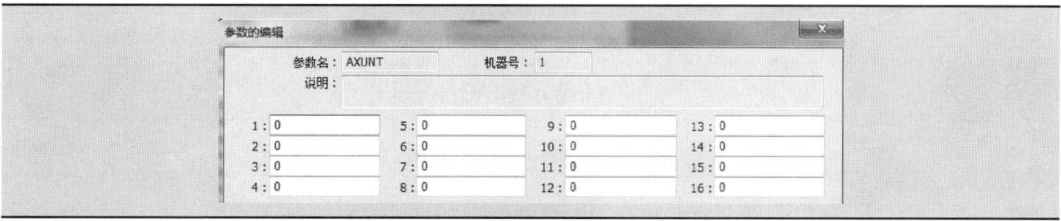

参数	名称	说明
UER1~UER20	用户报警信息	用户自行编制报警信息

用户报警参数 1:RC1 20150815-083427

UER	报警号	报警信息	原因
1	9000	X方向超出行程范围	超行程
2	9010	过载	加减速度过大
3	9900	message	cause
4	9900	message	cause
5	9900	message	cause
6	9900	message	cause
7	9900	message	cause
8	9900	message	cause
9	9900	message	cause
10	9900	message	cause

说明画面(F)　写入(R)

参数	名称	说明
RLNG	机器人使用的语言	设置机器人使用的语言。RLNG＝2　MELFA-BASIC V，RLNG＝1 MELFA-BASIC Ⅳ

机器人语言参数...

机器人语言(L) (RLNG)

○ MOVEMASTER指令

○ MELFA-BASIC IV

◉ MELFA-BASIC V

说明画面(F)　写入(R)

参数	名称	说明
LNG	显示语言	设置显示语言。LNG＝JPN 日语，LNG＝ENG 英语

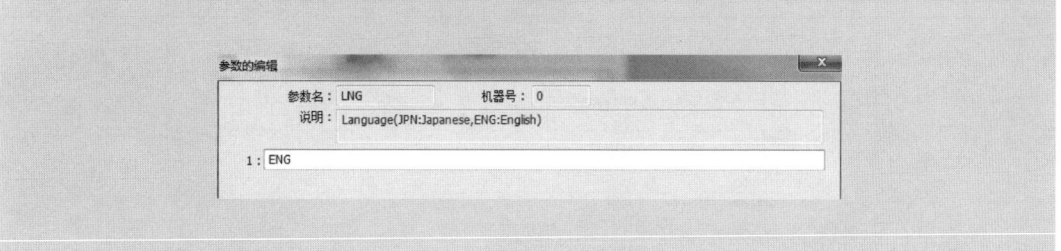

参数的编辑

参数名：LNG　　机器号：0
说明：Language(JPN:Japanese,ENG:English)

1: ENG

参数	名称	说明
PST	程序号选择方式	在 START 信号输入的同时，使外部信号选择的程序号有效。PST＝0 无效，PST＝1 有效 这是用外部信号选择程序的方法

参数的编辑

参数名：PST　　　机器号：0
说明：Prog. No. read starting (1:Enable,0:Disable)

1： 0

参数	名称	说明
INB	STOP 信号改 B 触点	可以对 STOP、STOP1、SKIP 信号进行修改。INB＝0 A 触点，INB＝1 B 触点

参数的编辑

参数名：INB　　　机器号：0
说明：Stop input signal normaly open(0)/close(1)

1： 0

参数	名称	说明
ROBOTERR	EMGOUT 对应的 报警类型和级别	设置 EMGOUT 报警接口对应的报警类型和级别。通常设置为"7"

参数的编辑

参数名：ROBOTERR　　　机器号：0
说明：Bit pattern of robot error output signal setting (0-7:C/L/H)

1： 7

参数	名称	说明
E7730	解除 CCLINK 报警	E7730＝0 不可解除，E7730＝1 可解除

参数的编辑

参数名：E7730　　　机器号：0
说明：CC-Link error is canceled temporarily(1:Enable,0:Disable)

1： 0

参数	名称	说明
ORST0	输出信号的复位模式	设置 CLR 指令或 OUTRESET 信号时，输出信号如何动作

参数的编辑

参数名：ORST0　　　机器号：0
说明：Output signal reset pattern00-31

1： 00000000
2： 00000000
3： 00000000
4： 00000000

参数	名称	说明
SLRSTIO	程序复位时输出信号的状态	程序复位时是否执行输出信号的复位。SLRSTIO＝0 不执行，SLRSTIO＝1 执行

参数名：SLRSTIO　　机器号：0
说明：Output signal reset with SLOTINIT (1:ON, 0:OFF)

1: 0

12.3　操作参数

参数	名称	说明
BZR	报警时蜂鸣器音响 ON/OFF	设置报警时蜂鸣器音响。BZR＝1 ON，BZR＝0 OFF

参数的编辑

参数名：BZR　　机器号：0
说明：Buzzer ON/OFF

1: 1

打印(P)　　写入(W)　　关闭(C)

参数	名称	说明
PRSTENA	程序复位操作权	设置程序复位操作是否需要操作权。PRSTENA＝0 必要，PRSTENA＝1 不要，出厂值为 0。如果设置为不要操作权，就可在任何位置使程序复位，有安全上的危险。特别是不能在示教单元上使程序复位

参数的编辑

参数名：PRSTENA　　机器号：0
说明：Operation right for program reset (need/not need=0/1)

1: 0

打印(P)　　写入(W)　　关闭(C)

参数	名称	说明
MDRST	随模式转换进行程序复位	设置随模式转换进行程序复位。MDRST＝0 无效，MDRST＝1 有效，出厂值为 0

参数的编辑

参数名：MDRST　　机器号：0
说明：Program reset with Mode change (1:ON, 0:OFF)

1: 0

打印(P)　　写入(W)　　关闭(C)

参数	名称	说明
OPDISP	操作面板显示模式	设置模式切换时的显示内容。OPDISP＝0 显示速度倍率，OPDISP＝1 显示原内容

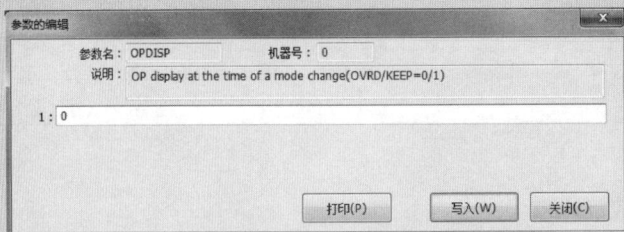

参数的编辑
参数名：OPDISP   机器号：0
说明：OP display at the time of a mode change(OVRD/KEEP=0/1)
1：0
打印(P)　写入(W)　关闭(C)

参数	名称	说明
OPPSL	操作面板上已经选择 AUTO 模式时的程序选择操作权	设置操作面板为 AUTO 模式时的程序选择操作权。OPPSL＝0 外部信号（指来自外部的 I/O 信号），OPPSL＝1 操作面板

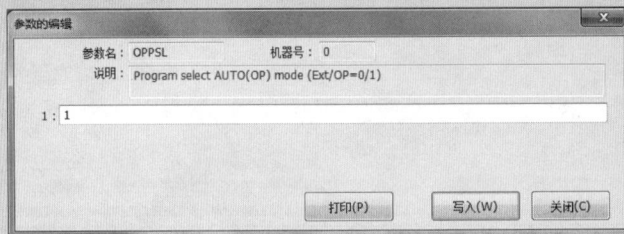

参数的编辑
参数名：OPPSL   机器号：0
说明：Program select AUTO(OP) mode (Ext/OP=0/1)
1：1
打印(P)　写入(W)　关闭(C)

参数	名称	说明
RMTPSL	AUTO 模式时的程序选择操作权	设置由外部信号选择 AUTO 模式时的程序选择操作权。RMTPSL＝0 外部，RMTPSL＝1 操作面板，出厂值为 0

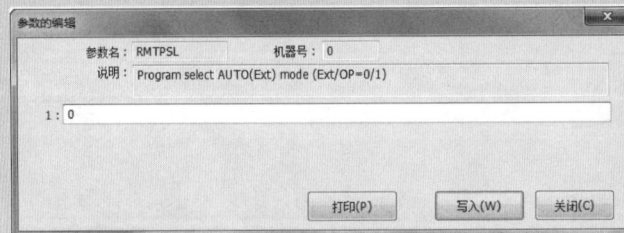

参数的编辑
参数名：RMTPSL   机器号：0
说明：Program select AUTO(Ext) mode (Ext/OP=0/1)
1：0
打印(P)　写入(W)　关闭(C)

参数	名称	说明
OVRDTB	示教单元上改变速度倍率的操作权选择	设置示教单元上改变速度倍率的操作权选择。OVRDTB＝0 不要，OVRDTB＝1 必要，出厂值为 1

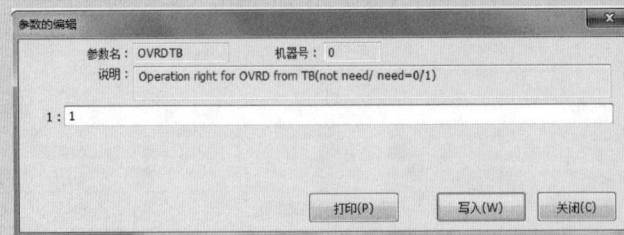

参数的编辑
参数名：OVRDTB   机器号：0
说明：Operation right for OVRD from TB(not need/ need=0/1)
1：1
打印(P)　写入(W)　关闭(C)

参数	名称	说明
OVRDMD	模式变更时的速度设定	在示教模式变更为自动模式、自动模式变更为示教模式时自动设置的速度倍率 第1行:在示教模式变更为自动模式时自动设置的速度倍率 第2行:在自动模式变更为示教模式时自动设置的速度倍率 OVRDMD=0:保持原来的速度倍率

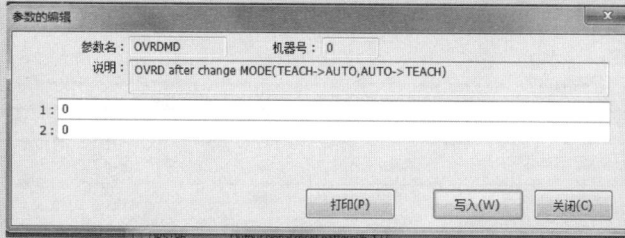

参数的编辑

参数名: OVRDMD　机器号: 0
说明: OVRD after change MODE(TEACH->AUTO,AUTO->TEACH)
1: 0
2: 0
打印(P)　写入(W)　关闭(C)

参数	名称	说明
OVRDENA	改变速度倍率的操作权	设置改变速度倍率是否需要的操作权。OVRDENA=0 必要,OVRDENA=1 不要,出厂值为 0

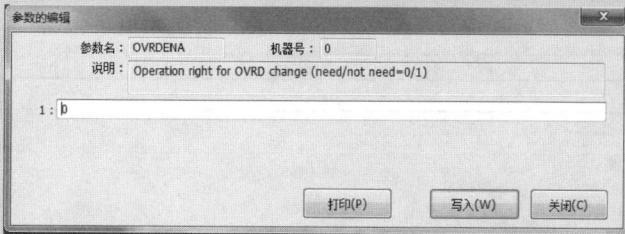

参数的编辑

参数名: OVRDENA　机器号: 0
说明: Operation right for OVRD change (need/not need=0/1)
1: 0
打印(P)　写入(W)　关闭(C)

参数	名称	说明
ROMDRV	切换程序的存取区域	将程序的存取区域在 RAM/ROM 之间切换 ROMDRV=0 RAM 模式(初始值使用 SRAM) ROMDRV=1 ROM 模式 ROMDRV=2 高速 RAM 模式(使用 DRAM) 出厂值为 2

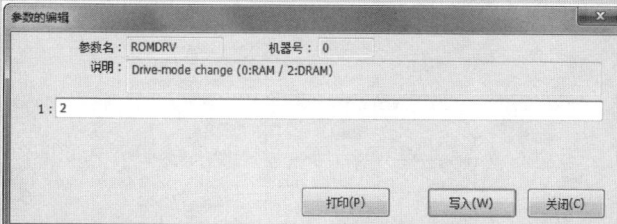

参数的编辑

参数名: ROMDRV　机器号: 0
说明: Drive-mode change (0:RAM / 2:DRAM)
1: 2
打印(P)　写入(W)　关闭(C)

参数	名称	说明
BACKUP	将 RAM 区域的程序复制到 ROM 区域	将程序、参数、共变量从 RAM 区域复制到 ROM 区域

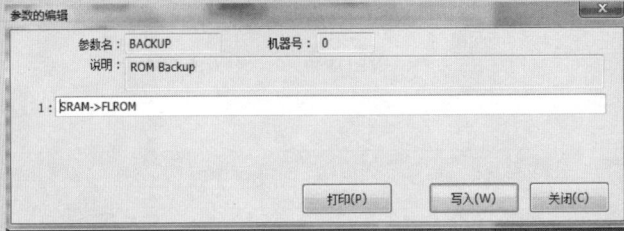

参数的编辑

参数名：BACKUP　　机器号：0
说明：ROM Backup

1：SRAM->FLROM

打印(P)　写入(W)　关闭(C)

参数	名称	说明
RESTORE	将 ROM 区域的程序复制到 RAM 区域	将程序、参数、共变量从 ROM 区域复制到 RAM 区域

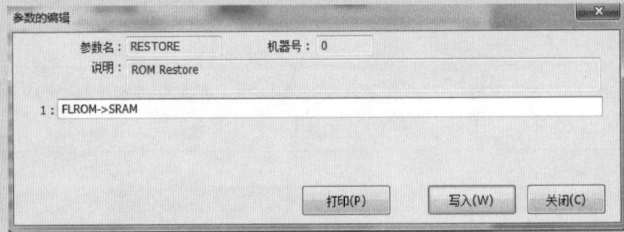

参数的编辑

参数名：RESTORE　　机器号：0
说明：ROM Restore

1：FLROM->SRAM

打印(P)　写入(W)　关闭(C)

参数	名称	说明
MFINTVL	维修预报数据的时间间隔	设置维修预报数据的时间间隔 第 1 行：采样量级（1～5h） 第 2 行：维修预报数据的时间间隔（1～24h）

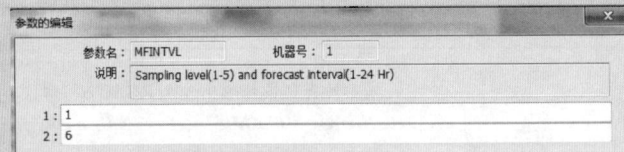

参数的编辑

参数名：MFINTVL　　机器号：1
说明：Sampling level(1-5) and forecast interval(1-24 Hr)

1：1
2：6

参数	名称	说明
MFREPO	维修预报数据的通知方法	第 1 行：MFREPO＝1 发出报警，MFREPO＝0 不发出报警 第 2 行：MFREPO＝1 专用信号输出，MFREPO＝0 专用信号不输出

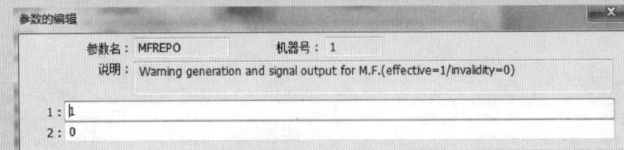

参数的编辑

参数名：MFREPO　　机器号：1
说明：Warning generation and signal output for M.F.(effective=1/invalidity=0)

1：1
2：0

参数	名称	说明
MFGRST	维修预报数据的复位	将润滑油数据复位。MFGRST＝0 全部轴复位,MFGRST＝1～8 指定轴复位

参数	名称	说明
MFBRST	维修预报数据的复位	将皮带数据复位。MFBRST＝0 全部轴复位,MFBRST＝1～8 指定轴复位

参数	名称	说明
TBOP	是否可以通过示教单元进行程序启动	设置是否可以通过示教单元进行程序启动。TBOP＝0 不可以,TBOP＝1 可以

12.4　通信及现场网络参数

通信及现场网络参数一览表见表 12-1。

表 12-1　通信及现场网络参数一览表

参数	名称	说明
COMSPEC	RT Tool Box2 通信方式	选择控制器与 RT Tool Box2 软件的通信方式
COMDEV	通信端口分配设置	
NETIP	控制器的 IP 地址	192.168.0.20
NETMSK	子网掩码	255.255.255.0
NETPORT	端口号码	
CPRCE11		
CPRCE12		
CPRCE13		
CPRCE14		
CPRCE15		
CPRCE16		
CPRCE17		
CPRCE18		
CPRCE19		

续表

参数	名称	说明
NETMODE		
NETHSTIP		
MXTTOUT		

RS-232 通信参数设置如图 12-1 所示。

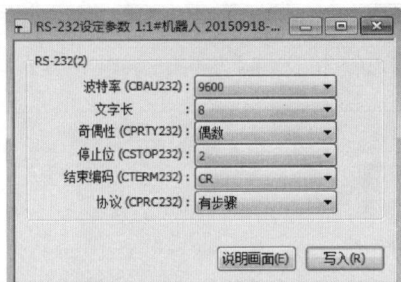

图 12-1　RS-232 通信参数设置

以太网参数设置如图 12-2 所示。

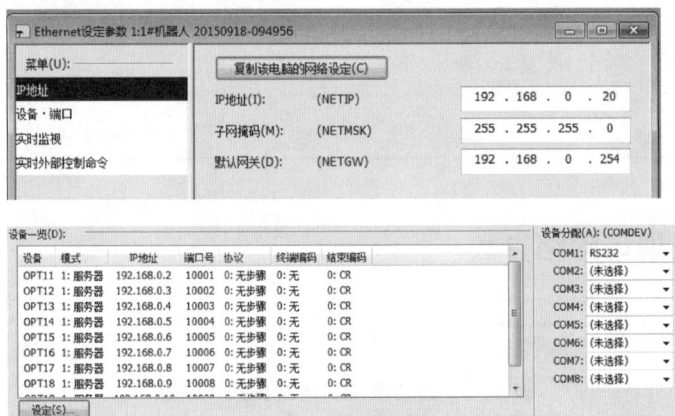

图 12-2　以太网参数设置

12.5　输入/输出信号参数

在机器人系统中，同一参数符号（英文）可能表示输入，也可能表示输出，阅读指令手册时容易感到困惑，现将输入信号单独列出，便于读者阅读和使用。

12.5.1　通用参数

表 12-2 所列输入信号在 RT 软件中在同一设置界面上，因此将这些信号归为一类（图 12-3）。

表 12-2 输入信号一览表（一）

参数	名称	说明
AUTOENA	可自动运行	自动使能信号。AUTOENA＝1 允许选择自动模式，AUTOENA＝0 不允许选择自动模式，选择自动模式则报警(L5010)。但是如果不分配输入端子信号则不报警，因此一般不设置 AUTOENA 参数
START	启动	程序启动信号。在多任务时，启动全部任务区内的程序
STOP	停止	停止程序执行。在多任务时，停止全部任务区内的程序。STOP 信号地址是固定的。STOP 是一种暂停。STOP＝ON，程序停止。重新发 START 信号，程序从断点启动。STOP 信号固定分配到输入端子 0。除了 STOP 信号，其他输入信号地址可以任意设置修改，例如 START 信号可以从出厂值"3"改为"31"
STOP2	停止	功能与 STOP 信号相同，但输入信号地址可改变
SLOTINIT	程序复位	解除程序中断状态，返回程序起始行。对于多任务区，指令所有任务区内的程序复位。但对以 ALWAYS 或 ERROR 为启动条件的程序除外
ERRRESET	报错复位	解除报警状态
CYCLE	单(循环)运行	选择停止程序连续循环运行。CYCLE＝ON，程序只执行一次，执行到 END 即停止
SRVOFF	伺服 OFF	指令全部机器人伺服电源＝OFF
SRVON	伺服 ON	指令全部机器人伺服电源＝ON。伺服 ON 信号在自动模式下才有效，选择手动模式时无效
IOENA	操作权	外部信号操作有效

图 12-3 通用参数的设置（一）

视频32
使用参数定义输入/输出端子功能

表 12-3 所列输入信号在 RT 软件中在同一设置界面上，因此将这些信号归为一类（图 12-4）。

表 12-3 输入信号一览表（二）

参数	名称	说明
SAFEPOS	回退避点	回退避点启动信号，退避点由参数设置
OUTRESET	输出信号复位	输出信号复位指令信号，复位方式由参数设置
MELOCK	机械锁定	程序运动，机器人机械不动

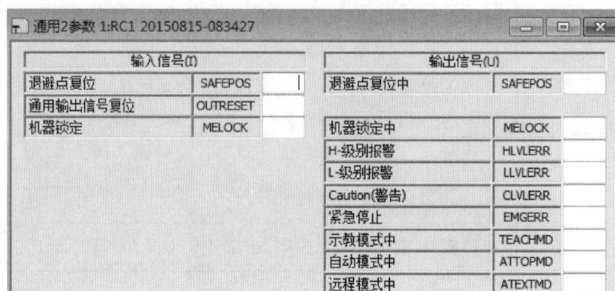

图 12-4　通用参数的设置（二）

12.5.2　数据参数

表 12-4 所列输入信号在 RT 软件中在同一设置界面上，因此将这些信号归为一类（图 12-5）。

表 12-4　输入信号一览表（三）

参数	名称	说明
PRGSEL	选择程序号	用于确认输入的数据为程序号。当通过 IODATA 指定的输入端子（构成8421码）选择程序号后，设置 PRGSEL＝ON，即确认输入的数据为程序号
OVRDSEL	选择速度倍率	用于确认输入的数据为程序倍率
PRGOUT	请求输出程序号	请求输出程序号
LINEOUT	请求输出程序行号	请求输出程序行号
ERROUT	请求输出报警号	请求输出报警号
TMPOUT	请求输出控制柜内温度	请求输出控制柜内温度
IODATA	数据输入信号端地址	用一组输入端子（构成8421码）作为输入数据用（表示输出数据也是同样方法）

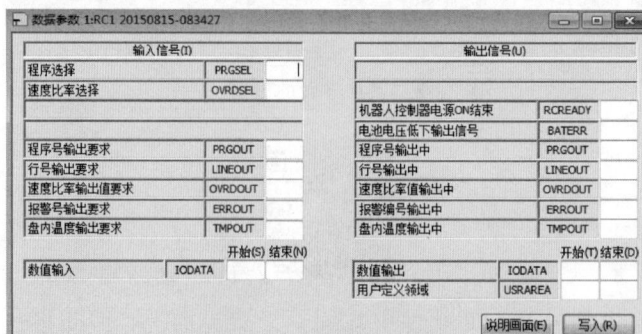

图 12-5　数据参数的设置

12.5.3　JOG 参数

这是不用示教单元而用外部信号实现 JOG 运行的输入/输出端子设置参数。执行外部信号进行 JOG 运动的方法如下：选择自动模式（只有在自动模式下，伺服 ON 才有效）；发伺服 ON 信号；使 JOGENA＝1（在图 12-6 中为输入端子 16）。在图 12-6 中输入端子 24～29 为 J1～J6 的 JOG＋信号，发出各轴 JOG＋信号，各轴做 JOG 动作。表 12-5 所列输入信号在 RT 软件中在同一设置界面上，因此将这些信号归为一类。

表 12-5　输入信号一览表（四）

参数	名称	说明
JOGENA	选择 JOG 运行模式	JOGENA＝0 无效，JOGENA＝1 有效
JOGM	选择 JOG 运行的坐标系	JOGM＝0 /1/2/3/4　关节/直交/圆筒/三轴直交/工具
JOG＋	JOG＋指令信号	设置指令信号的起始/结束地址信号（8 轴）
JOG－	JOG－指令信号	设置指令信号的起始/结束地址信号（8 轴）
JOGNER	JOG 运行时不报警	在 JOG 运行时即使有报警也不发报警信号

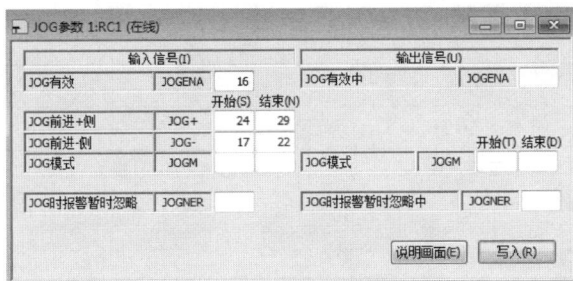

图 12-6　JOG 参数的设置

12.5.4　各任务区启动参数

参数	名称	说明
SnSTART	各任务区程序启动信号（共 32 区）	设置各任务区程序启动信号地址

12.5.5 各任务区停止参数

参数	名称	说明
SnSTOP	各任务区程序停止 信号（共32区）	设置各任务区程序停止信号地址

插槽停止(各插槽)参数 1:RC1 20150815-083427

	输入信号(I)	输出信号		输入信号(IN)	输出信号		输入信号(U)	输出信号
1:	S1STOP		12:	S12STOP		23:	S23STOP	
2:	S2STOP		13:	S13STOP		24:	S24STOP	
3:	S3STOP		14:	S14STOP		25:	S25STOP	
4:	S4STOP		15:	S15STOP		26:	S26STOP	
5:	S5STOP		16:	S16STOP		27:	S27STOP	
6:	S6STOP		17:	S17STOP		28:	S28STOP	
7:	S7STOP		18:	S18STOP		29:	S29STOP	
8:	S8STOP		19:	S19STOP		30:	S30STOP	
9:	S9STOP		20:	S20STOP		31:	S31STOP	
10:	S10STOP		21:	S21STOP		32:	S32STOP	
11:	S11STOP		22:	S22STOP				

说明画面(E)　写入(R)

12.5.6 （各机器人）伺服 ON/OFF 参数

参数	名称	说明
MnSRVON	各机器人伺服 ON	设置各机器人伺服 ON($n=1\sim3$)
MnSRVOFF	各机器人伺服 OFF	设置各机器人伺服 OFF($n=1\sim3$)

伺服 ON/OFF(各机器)参数 1:RC1 20150815-083427

伺服 OFF(F)

	输入信号	输出信号
M1SRVOFF	伺服 OFF 机器 1	伺服ON不可 机器 1
M2SRVOFF	机器 2	机器 2
M3SRVOFF	机器 3	机器 3

伺服 ON(N)

	输入信号	输出信号
M1SRVON	伺服ON 机器 1	伺服ON中 机器 1
M2SRVON	机器 2	机器 2
M3SRVON	机器 3	机器 3

12.5.7 （各机器人）机械锁定参数

参数	名称	说明
MnMELOCK	（各机器人） 机械锁定	设置（各机器人）机械锁定($n=1\sim3$)

机器锁定(各机器)参数 1:RC1 20150815-083427

	输入信号(I)	输出信号(U)
M1MELOCK	机器锁定 机器 1	机器锁定中 机器 1
M2MELOCK	机器 2	机器 2
M3MELOCK	机器 3	机器 3

12.5.8 选择各机器人暖机运行参数

参数	名称	说明
MnWUPENA	各机器人预热运行模式选择	设置各机器人预热运行模式。必须预先设置参数 WUPENA，选择预热模式有效。本参数只是对各机器人的选择

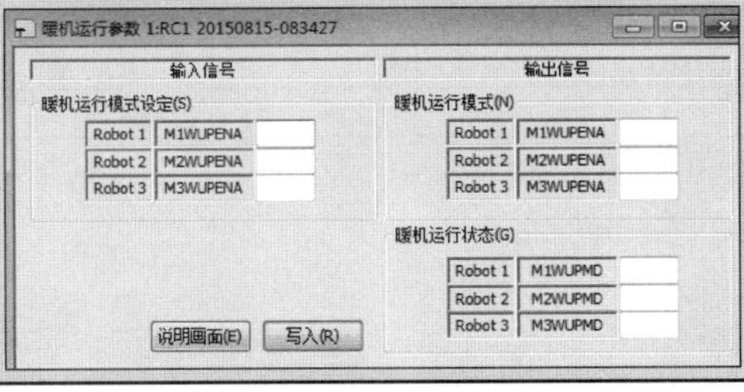

12.5.9 附加轴参数

附加轴指机器人外围设备中由伺服系统驱动的运动轴。为了使其配合机器人的动作，可以从机器人控制器一侧对其进行控制。图 12-7 所示为附加轴参数设置界面。

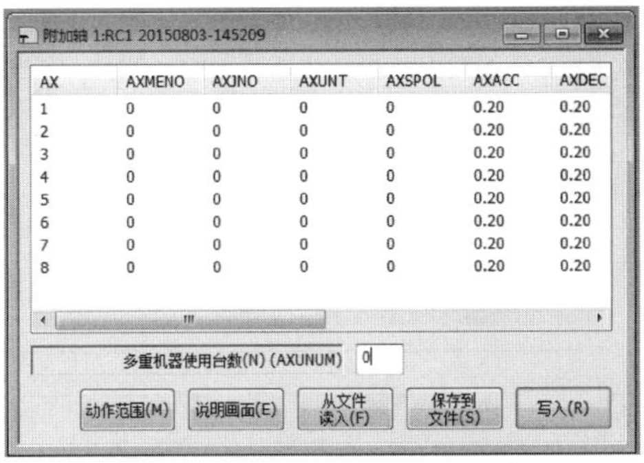

图 12-7 附加轴参数设置界面

参数	名称	说明
AXMENO	控制附加轴的机器人编号	设置控制附加轴的机器人编号

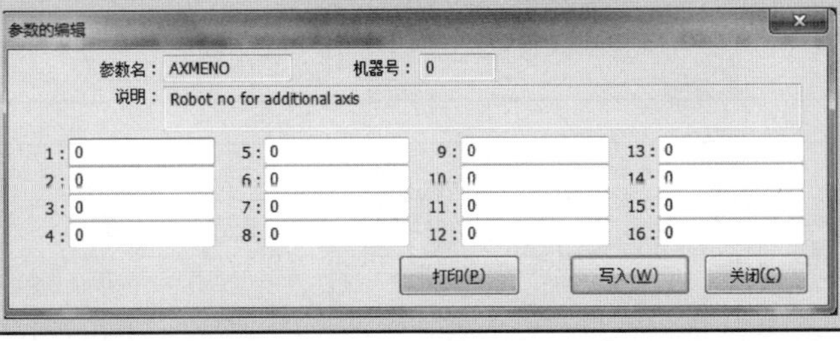

参数	名称	说明
AXJNO	附加轴的驱动器站号	设置附加轴的驱动器站号。在附加轴连接完毕后，要设置每一驱动器的站号。在通用伺服系统中也是要设置站号的

续表

参数	名称	说明
AXUNT	附加轴使用单位（deg 或 mm）	设置附加轴使用单位（deg 或 mm）。AXUNT＝0　deg，AXUNT＝1　mm

参数	名称	说明
AXSPOL	附加轴旋转方向	确定附加轴旋转方向。AXSPOL＝0　CCW，AXSPOL＝0　CW

参数	名称	说明
AXACC	附加轴加速时间	设置附加轴加速时间。设置单位为秒（s）

参数	名称	说明
AXDEC	附加轴减速时间	设置附加轴减速时间。设置单位为秒（s）

参数	名称	说明
AXGRTN	附加轴齿轮比分子	设置附加轴齿轮比分子

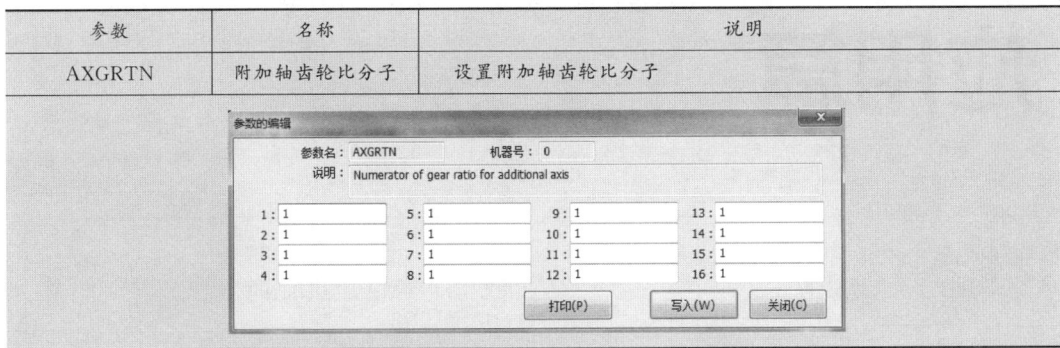

12.5.10　如何监视输入/输出信号?

（1）通用信号的监视和强制输入/输出

如图 12-8 所示，点击［监视］→［信号监视］→［通用信号］，弹出通用信号框，在通用信号框内除了监视当前输入/输出信号的 ON/OFF 状态外，还可以模拟输入信号、设置监视信号的范围、强制输出信号 ON/OFF。

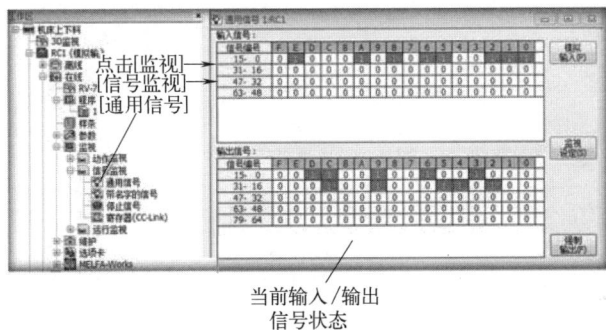

图 12-8　通用信号框的监视界面

（2）对已经命名的输入/输出信号监视

如图 12-9 所示，点击［监视］→［信号监视］→［带名字的信号］，弹出带名字的信号框，在带名字的信号框内可以监视已经命名的输入/输出信号的 ON/OFF 状态。

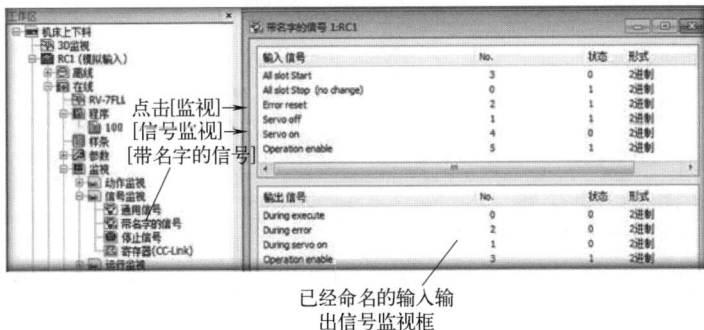

图 12-9　带名字的信号框的监视界面

应用篇

第13章 编制程序及实际操作

13.1 搬运程序

（1）观察搬运动作

视频33
观察一个典型的搬运程序

（2）编制搬运程序

视频34
编制一个搬运程序

13.2 码垛程序

（1）讲解构建码垛程序结构的方法

视频35
讲解构建码垛程序结构的方法

（2）编制及分析码垛程序

视频36
编制及分析码垛程序

13.3 装配程序

视频37
观察一个典型的装配程序

13.4 焊接程序

视频38
观察一个典型的焊接程序

13.5 触摸屏操作

视频39
讲解触摸屏操作方法

13.6 机器人配合数控折弯机工作

视频40
机器人配合数控折弯机工作

13.7 机器人工作台及其操作

视频41
讲解机器人工作台操作方法

13.8 机器人的艺术工作

视频42
欣赏机器人的艺术工作

第**14**章 工业机器人在手机检测
生产线上的应用

本章通过一个实际案例，介绍工业机器人在流水线检测项目中的应用，重点是讲解如何规划工艺流程、设计程序流程结构，如何调用子程序，如何使用判断-选择语句进行程序跳转，同时要学习面对项目如何提出解决方案和构建控制系统。

14.1 项目综述

某手机检测生产线项目是机器人抓取手机（以下简称工件）进行检验，其工作过程如下：工件在流水线上，要求机器人抓取工件置于检验槽中，经检验合格后，再抓取回流水线进入下一道工序；若一次检验不合格，则抓取工件进入另外一检验槽；共检验三次，若全不合格，则放置在废品槽中。设备布置如图 14-1 所示。

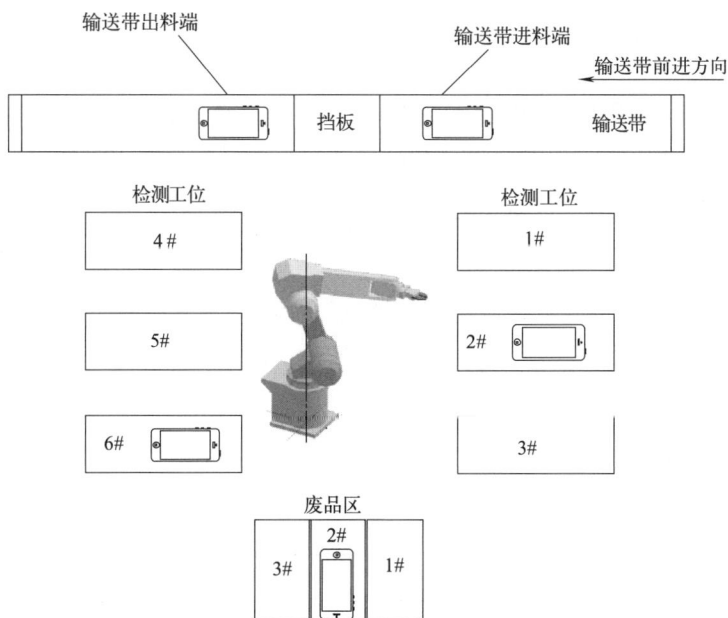

图 14-1 设备布置

14.2 解决方案

① 配置机器人一台作为工作中心，负责工件抓取搬运。机器人配置 32 点输入/32 点输出的 I/O 卡。选择三菱 RV-2F 机器人，该机器人搬运重量为 2kg，最大动作半径为 504mm，可以满足工作要求。

② 示教单元：R33TB（用于示教位置点）。

③ 机器人选件：I/O 卡 2D-TZ368，用于接收外部操作屏信号和控制外围设备动作。

④ 选用三菱 PLC FX3U-48MR 作为主控系统，用于控制机器人的动作并处理外部检测信号。

⑤ 配置 A/D 模块 FX3U-4AD，用于接收检测信号。检测仪给出模拟信号，由 A/D 模块处理后送入 PLC 进行处理及判断。

⑥ 触摸屏选用 GS2110-WTBD，可以直接与机器人相连，直接设置和修改各工艺参数，发出操作信号。

硬件配置见表 14-1。

表 14-1　硬件配置一览表

序号	名称	型号	数量	备注
1	机器人	RV-2F	1	三菱
2	示教单元	R33TB	1	三菱
3	I/O 卡	2D-TZ368	1	三菱
4	PLC	FX3U-48MR	1	三菱
5	A/D 模块	FX3U-4AD	2	三菱
6	触摸屏	GS2110-WTBD	1	三菱

根据项目要求，需要配置的输入和输出信号地址分别见表 14-2 和表 14-3。在机器人一侧需要配置 I/O 卡。I/O 卡型号为 TZ368，其地址编号是机器人识别的 I/O 地址。

表 14-2　输入信号地址一览表

序号	名称	地址（TZ368）
1	自动启动	3
2	自动暂停	0
3	复位	2
4	伺服 ON	4
5	伺服 OFF	5
6	报警复位	6
7	操作权	7
8	回退避点	8
9	机械锁定	9

序号	名称	地址(TZ368)
10	气压检测	10
11	输送带正常运行检测	11
12	输送带进料端有料无料检测	12
13	输送带出料端有料无料检测	13
14	1♯工位有料无料检测	14
15	2♯工位有料无料检测	15
16	3♯工位有料无料检测	16
17	4♯工位有料无料检测	17
18	5♯工位有料无料检测	18
19	6♯工位有料无料检测	19
20	1♯工位检测合格信号	20
21	2♯工位检测合格信号	21
22	3♯工位检测合格信号	22
23	4♯工位检测合格信号	23
24	5♯工位检测合格信号	24
25	6♯工位检测合格信号	25
26	1♯废品区有料无料检测	26
27	2♯废品区有料无料检测	27
28	3♯废品区有料无料检测	28
29	抓手夹紧到位	29
30	抓手松开到位	30

表 14-3　输出信号地址一览表

序号	名称	地址(TZ368)
1	机器人自动运行中	0
2	机器人自动暂停中	4
3	急停中	5
4	报警复位	2
5	抓手夹紧	11
6	抓手松开	12

　　由于本项目中机器人程序复杂，为编写程序方便，预先分配使用数值变量和位置变量的范围，数值变量 M 分配见表 14-4，位置变量 P 分配见表 14-5。

表 14-4　数值变量 M 分配一览表

序号	变量名称	应用范围
1	M1～M99	主程序
2	M100～M199	上料程序
3	M200～M299	卸料程序
4	M300～M499	不良品检测程序
5	M201～M206	1♯～6♯工位有料无料检测
6	M221～M226	1♯～6♯工位检测次数

表 14-5　位置变量 P 分配一览表

序号	变量名称	应用范围	类型
1	P_30	机器人工作基准点	全局
2	P_10	输送带进料端位置	全局
3	P_20	输送带出料端位置	全局
4	P_01	1♯工位（位置点）	全局
5	P_02	2♯工位（位置点）	全局
6	P_03	3♯工位（位置点）	全局
7	P_04	4♯工位（位置点）	全局
8	P_05	5♯工位（位置点）	全局
9	P_06	6♯工位（位置点）	全局
10	P_07	1♯废品区（位置点）	全局
11	P_08	2♯废品区（位置点）	全局
12	P_09	3♯废品区（位置点）	全局

14.3　编程

由于机器人程序复杂，应该首先编制总流程图和主程序，进而编制各工序流程图及其程序。编制流程图时，需要考虑周全，确定最优工作路线，这样编程事半功倍。

14.3.1　总流程

（1）总流程图

图 14-2 所示为总流程图。

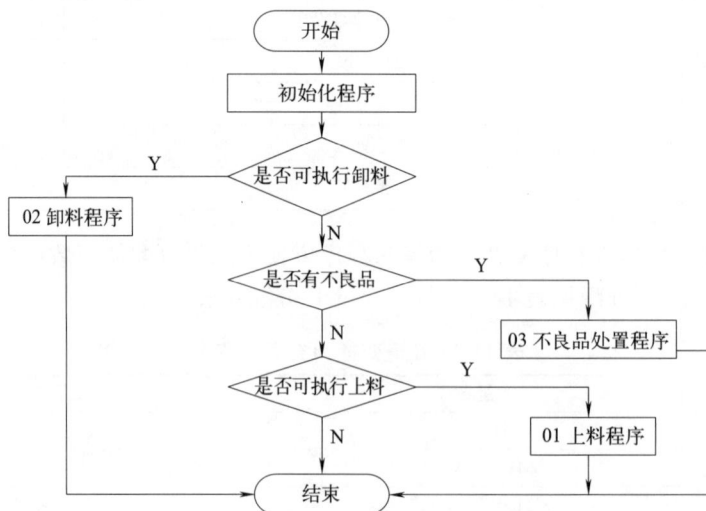

图 14-2　总流程图

① 系统上电或启动后，首先进入初始化程序，包括检测输送带是否启动，启动气泵

并检测气压及报警程序。

② 进入卸料工序，只有先将测试区的工件搬运回输送带上，才能够进行下一工序。

③ 在卸料工序执行完毕后，进入不良品处理工序。在不良品处理工序中，要对检测不合格的工件执行三次检测，三次不合格才判定为不良品。从机器人动作来看，要将同一工件置于不同的三个检测工位进行测试。测试不合格才将工件转入废品区。执行不良品处理工序也要空出测试区。

④ 经过卸料工序和不良品处理工序后，测试区各工位已经最大限度地空出，可以执行上料工序。

⑤ 如果工作过程中发生机器人系统的报警，机器人会停止工作。外部也配置有急停按钮，按下急停按钮后，系统立即停止工作。

⑥ 总程序可以设置为反复循环类型，即启动之后反复循环执行，直到接收到停止指令。

（2）主程序

根据总流程图，编制的主程序如下。

```
主程序 MAIN
1 CALLP "CSH"  调用初始化程序
'  进入卸料工序判断
2 IF M210= 6 THEN * LAB2'  如果全部工位检测不合格则跳转到 * LAB2
3 IF M_IN(13)= 1 THEN * LAB2'  如果输送带出料端有料则跳转到 * LAB2
4 CALLP "XIEL"  调用卸料程序
5 GOTO * LAB4'  跳转到 * LAB4
* LAB2'  不良品处理工序标记
'  进入不良品处理工序判断
6 IF M310= 0 THEN * LAB3'  如果全部工位检测合格则跳转到 * LAB3
7 IF M310= 6 THEN * LAB5'  如果全部工位检测不合格则跳转到 * LAB5
8 CALLP "BULP"  调用不良品处理程序
9 GOTO * LAB4'  跳转到 * LAB4
10 * LAB3'  上料程序标记
11 IF M110= 6 THEN * LAD4'  如果全部工位有料则跳转到 * LAB4
12 IF M_IN(12)= 1 THEN * LAB4'  如果输送带进料端无料则跳转到 * LAB4
13 CALLP "SL"  调用上料程序
14 * LAB4'  主程序结束标记
15 END'  程序结束
16 * LAB5'  报警程序标记
17 CALLP"BAOJ"  调用报警程序
18 END'  程序结束
```

14.3.2　初始化

初始化包括检测输送带是否启动，启动气泵并检测气压等工作。图 14-3 所示为初始化工序流程图。

14.3.3 上料

（1）上料工序流程及要求

① 上料程序必须首先判断的内容：输送带进料端是否有料？测试区是否有空余工位？

② 如果不满足这两个条件，就结束上料程序返回主程序。

③ 如果满足这两个条件，则逐一判断空余工位，然后执行相应的搬运程序。

④ 因上料动作必须将工件压入检测工位槽中，故采用了机器人的柔性控制功能，在压入过程中如果遇到过大阻力，则机器人会自动进行相应调整，这是关键技术之一。

⑤ 每一次搬运动作结束后，不是回到程序结束处，而是回到程序起始处，重新判断，直到六个工位全部装满工件。

（2）上料工序流程图

图 14-4 所示为上料工序流程图。

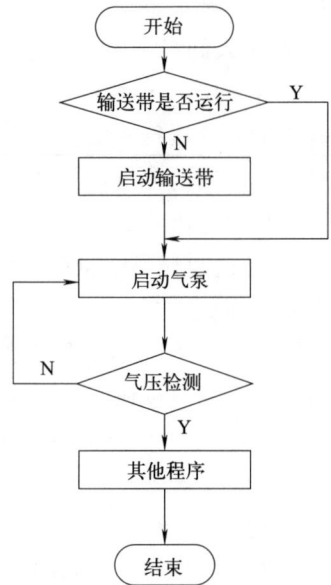

图 14-3　初始化工序流程图

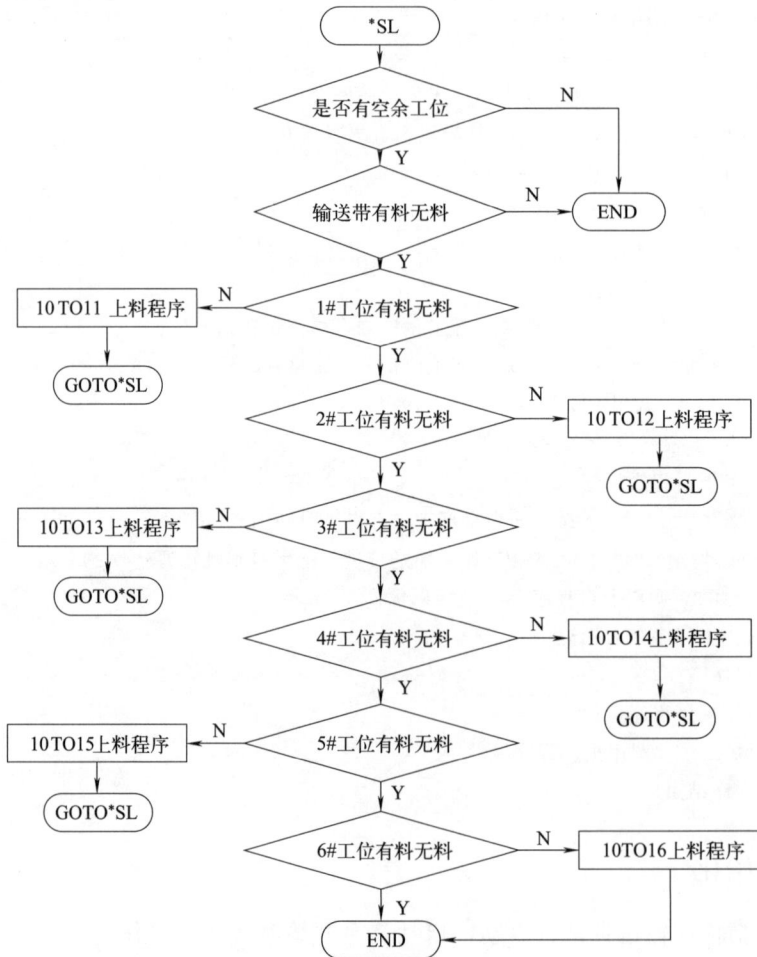

图 14-4　上料工序流程图

（3）上料程序 SL

```
1 * SL  程序分支标记
2 M101= M_IN(14)'  1# 工位有料无料检测信号
3 M102= M_IN(15)'  2# 工位有料无料检测信号
4 M103= M_IN(16)'  3# 工位有料无料检测信号
5 M104= M_IN(17)'  4# 工位有料无料检测信号
6 M105= M_IN(18)'  5# 工位有料无料检测信号
7 M106= M_IN(19)'  6# 工位有料无料检测信号
8 M110= M101+ M102+ M103+ M104+ M105+ M106'  全部工位有料无料状态
9 IF M110= 6 THEN * LAB'  如果全部工位有料则跳转到程序结束
10 IF M_IN(12)= 1 THEN * LAB'  如果输送带无料则跳转到程序结束
'  如果 1# 工位无料就执行上料程序 10TO11,否则进行 2# 工位判断
11 IF M_IN(14)= 0 THEN'  如果 1# 工位无料
12 CALLP"10TO11"'  调用上料程序 10TO11
13 GOTO* SL'  跳转到* SL
14 ELSE'(1)  否则
15 ENDIF'  结束判断-选择语句
'如果 2# 工位无料就执行上料程序 10TO12,否则进行 3# 工位判断
16 IF M_IN(15)= 0 THEN
17 CALLP"10TO12"
18 GOTO* SL
19 ELSE '(2)
20 ENDIF
'如果 3# 工位无料就执行上料程序 10TO13,否则进行 4# 工位判断
21 IF M_IN(16)= 0 THEN
22 CALLP"10TO13"
23 GOTO* SL
24 ELSE '(3)
25 ENDIF
'如果 4# 工位无料就执行上料程序 10TO14,否则进行 5# 工位判断
26 IF M_IN(17)= 0 THEN
27 CALLP"10TO14"
28 GOTO* SL
29 ELSE '(4)
30 ENDIF
'如果 5# 工位无料就执行上料程序 10TO15,否则进行 6# 工位判断
31 IF M_IN(18)= 0 THEN
32 CALLP"10TO15"
33 GOTO* SL
34 ELSE '(5)
35 ENDIF
'如果 6# 工位无料就执行上料程序 10TO16,否则结束程序
```

```
36 IF M_IN(19)= 0 THEN
37 CALLP"10TO16"
38 ELSE '(6)
39 ENDIF '(6)
40 * LAB
41 END
```

（4）程序 10TO11

（本程序用于从输送带抓料到1♯工位，使用了柔性控制功能）

```
1 SERVO ON'    伺服 ON
2 OVRD 100'    速度倍率 100%
3 MOV P_10,-50'    快进到输送带进料端位置点上方 50mm
4 OVRD 20'    设置速度倍率为 20%
5 MVS P_10'    慢速移动到输送带进料端位置点
6 M_OUT(11)= 1'    抓手 ON
7 WAIT M_IN(29)= 1'    等待抓手夹紧完成
8 DLY 0.3'    暂停 0.3s
9 MOV P_10,-50'    移动到输送带进料端位置点上方 50mm
10 OVRD 100'    设置速度倍率为 100%
11 MOV P_01,-50'    快进到 1# 工位位置点上方 50mm
12 OVRD 20'    设置速度倍率为 20%
13 CmpG 1,1,0.7,1,1,1,,'    设置各轴柔性控制增益值
14 Cmp Pos,&B000100'    设置 Z 轴为柔性控制轴
15 MVS P_01'    工进到 1# 工位位置点
16 M_OUT(11)= 0'    松开抓手
17 WAIT M_IN(30)= 1'    等待抓手松开完成
18 DLY 0.3'    暂停 0.3s
19 OVRD 100'    设置速度倍率为 100%
20 Cmp Off'    关闭柔性控制功能
21 MOV P_01,-50'    移动到 1# 工位位置点上方 50mm
22 MOV P_30'    移动到基准点
23 END
```

14.3.4 卸料

（1）卸料工序流程及要求

① 卸料程序必须首先判断的内容：输送带出料端是否有料？测试区是否有合格工件？

② 如果不满足这两个条件，就结束卸料程序返回主程序。

③ 如果满足这两个条件，则逐一判断合格工件所在工位，然后执行相应的搬运程序。

④ 每一次搬运动作结束后，不是回到程序结束处，而是回到程序起始处，重新判断，直到全部合格工件被搬运到输送带上。

（2）卸料工序流程图

图 14-5 所示为卸料工序流程图。

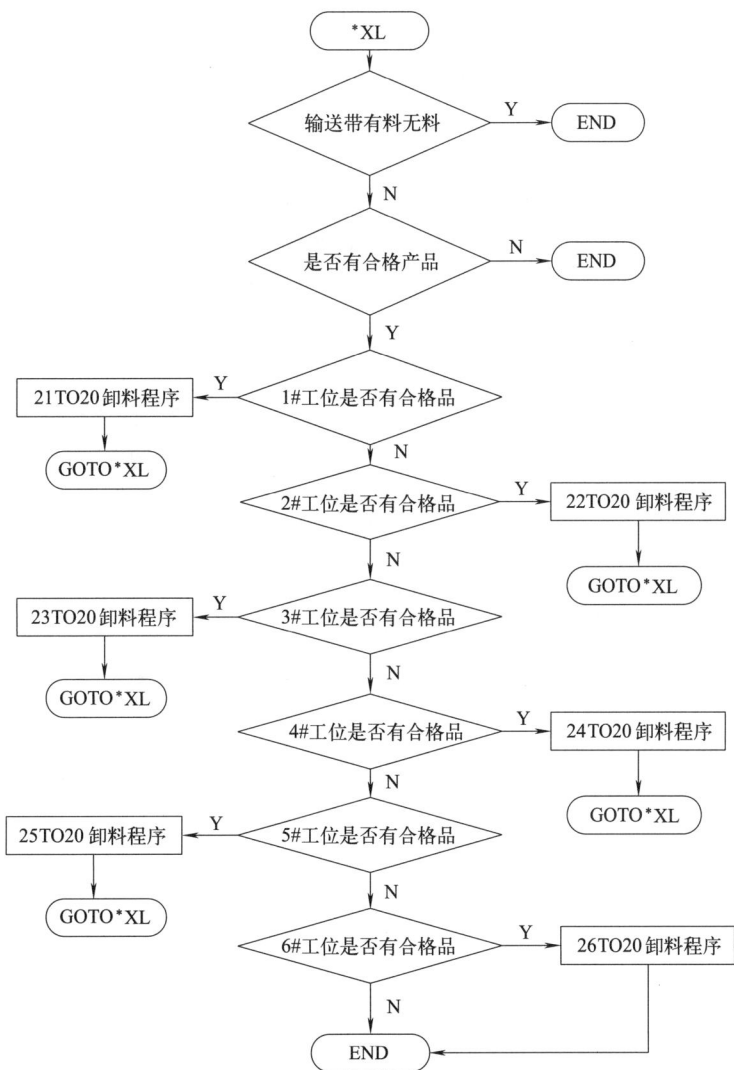

图 14-5　卸料工序流程图

（3）卸料程序 XL

```
1 * XL  程序分支标记
2 M201= M_IN(20)'  1# 工位检测合格信号
3 M202= M_IN(21)'  2# 工位检测合格信号
4 M203= M_IN(22)'  3# 工位检测合格信号
5 M204= M_IN(23)'  4# 工位检测合格信号
6 M205= M_IN(24)'  5# 工位检测合格信号
7 M206= M_IN(25)'  6# 工位检测合格信号
'  检测合格信号= 0,检测不合格信号= 1
8  M210= M201+ M202+ M203+ M204+ M205+ M206
```

```
9   IF M210= 6 THEN * LAB20'  如果全部工位检测不合格则跳转到程序结束
10  IF M_IN(13)= 1 THEN *  LAB20'   如果输送带有料则跳转到程序结束
'   如果1# 工位检测合格就执行卸料程序21TO20,否则进行 2# 工位判断
11  IF M_IN(20)= 0 THEN
12  CALLP"21TO20"
13  GOTO* XL
14  ELSE '(1)
15  ENDIF
'如果 2# 工位检测合格就执行卸料程序22TO20,否则进行 3# 工位判断
16  IF M_IN(21)= 0 THEN
17  CALLP"22TO20"
18  GOTO* XL
19  ELSE '(2)
20  ENDIF
'   如果3# 工位检测合格就执行卸料程序23TO20,否则进行 4# 工位判断
21  IF M_IN(22)= 0 THEN
22  CALLP"23TO20"
23  GOTO* XL
24  ELSE '(3)
25  ENDIF
'   如果4# 工位检测合格就执行卸料程序24TO20,否则进行 5# 工位判断
26  IF M_IN(23)= 0 THEN
27  CALLP"24TO20"
28  GOTO* XL
29  ELSE '(4)
30  ENDIF
'   如果5# 工位检测合格就执行卸料程序25TO20,否则进行 6# 工位判断
31  IF M_IN(24)= 0 THEN
32  CALLP"25TO20"
33  GOTO* XL
34  ELSE '(5)
35  ENDIF
'   如果6# 工位检测合格就执行卸料程序26TO20,否则结束程序
36  IF M_IN(25)= 0 THEN
37  CALLP"26TO20"
38  ELSE '(6)
39  ENDIF '(6)
40  * LAB20
41  END
```

14.3.5　不良品处理

（1）不良品处理工序流程及要求

① 在不良品处理工序中，要对检测不合格的工件执行三次检测，三次不合格才判定

为不良品。从机器人动作来看，要将同一工件置于不同的三个检测工位进行测试，测试不合格才将工件转入废品区。因此，在不良品处理工序中：首先判断有无不良品，无不良品则结束本程序返回上一级程序。然后判断是否全部为不良品，如果全部为不良品，则必须报警，因为可能是出现了重大质量问题，需要停机检测。

② 如果不满足以上条件，则逐一判断不良品所在工位，判断完成后，执行相应的转运程序。

③ 在下一级子程序中，还需要判断是否有空余工位，并且标定检测次数，在检测次数＝3 时，将工件搬运到废品区。

（2）不良品处理工序流程图

图 14-6 所示为不良品处理工序流程图。

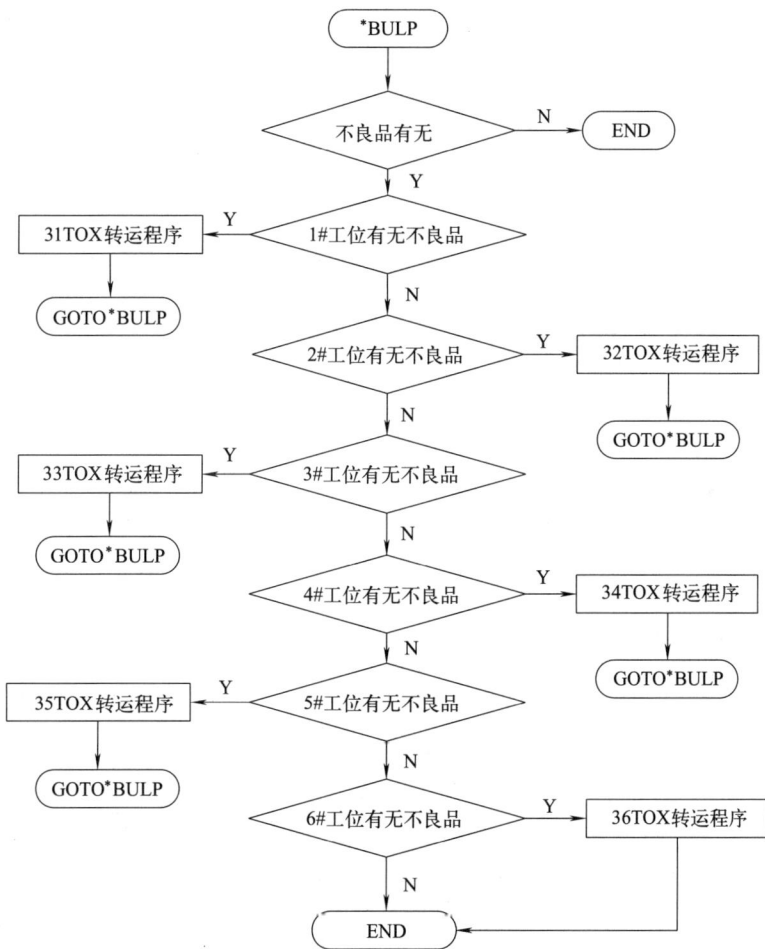

图 14-6　不良品处理工序流程图

（3）不良品处理程序 BULP

```
1 * BULP　程序分支标记
2 M301= M_IN(20)'　1# 工位检测合格信号
3 M302= M_IN(21)'　2# 工位检测合格信号
```

4 M303= M_IN(22)' 3# 工位检测合格信号

5 M304= M_IN(23)'   4# 工位检测合格信号

6 M305= M_IN(24)' 5# 工位检测合格信号

7 M306= M_IN(25)' 6# 工位检测合格信号

' 检测合格信号= 0,检测不合格信号= 1

8 M310= M301+ M302+ M303+ M304+ M305+ M306

9 IF M310= 0 THEN * LAB2' 如果全部工位检测合格则跳转到 * LAB2(结束程序)

10 IF M310= 6 THEN * LAB3' 如果全部工位检测不合格则跳转到报警程序

' 如果1# 工位检测不合格就执行转运程序31TOX,否则进行 2# 工位判断

11 IF M_IN(20)= 1 THEN

12 CALLP"31TOX"

13 GOTO* BULP

14 ELSE '(1)

15 ENDIF

' 如果2# 工位检测不合格就执行转运程序32TOX,否则进行 3# 工位判断

16 IF M_IN(21)= 1 THEN

17 CALLP"32TOX"

18 GOTO* BULP

19 ELSE '(2)

20 ENDIF

' 如果3# 工位检测不合格就执行转运程序33TOX,否则进行 4# 工位判断

21 IF M_IN(22)= 1 THEN

22 CALLP"33TOX"

23 GOTO* BULP

24 ELSE '(3)

25 ENDIF

' 如果4# 工位检测不合格就执行转运程序34TOX,否则进行 5# 工位判断

26 IF M_IN(23)= 1 THEN

27 CALLP"34TOX"

28 GOTO* BULP

29 ELSE '(4)

30 ENDIF

' 如果5# 工位检测不合格就执行转运程序35TOX,否则进行 6# 工位判断

31 IF M_IN(24)= 1 THEN

32 CALLP"35TOX"

33 GOTO* BULP

34 ELSE '(5)

35 ENDIF

' 如果6# 工位检测不合格就执行转运程序36TOX,否则结束程序

36 IF M_IN(25)= 1 THEN

37 CALLP"36TOX"

38 ELSE '(6)

```
39 ENDIF'(6)
40 * LAB2
41 END
42 * LAB3
43 END
```

14.3.6　不良品在 1# 工位的处理

（1）处理流程图

图 14-7 所示为不良品在 1♯工位的处理（31TOX）流程图。

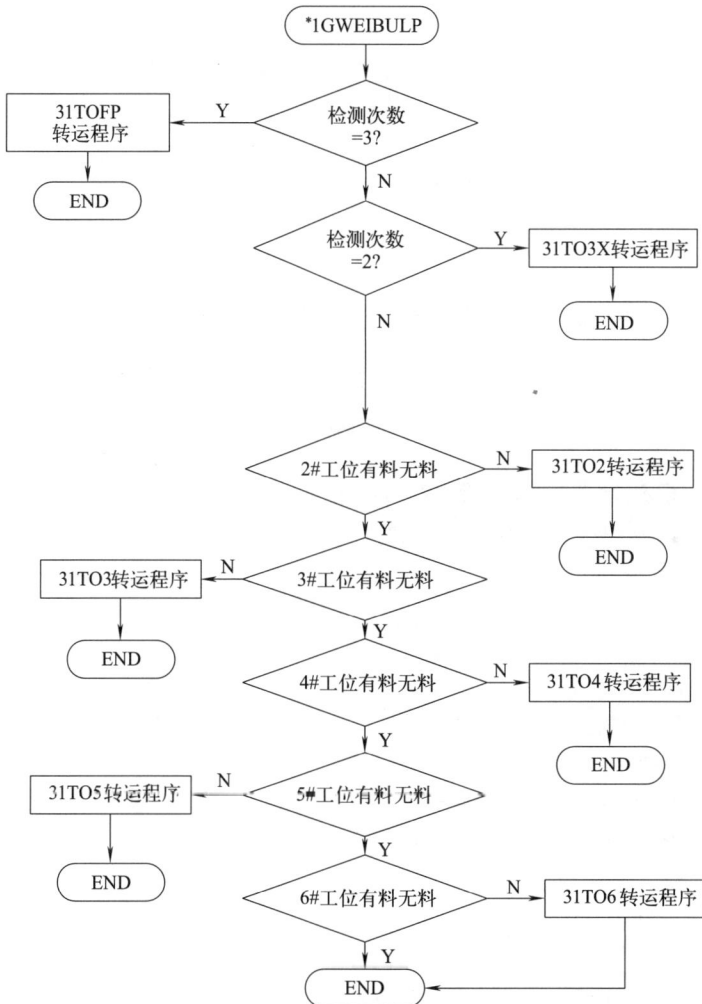

图 14-7　不良品在 1♯工位的处理（31TOX）流程图

① 当 1♯工位（包括 2♯～6♯工位）有不良品时，先要进行检测次数判断。工艺规定对每一工件要进行三次检测，如果三次检测都不合格，才可以判断为不良品。

② 当检测次数＝3 时，进入 31TOFP 子程序（将工件放入废品区）。

③ 当检测次数＝2 时，进入 31TO2X 子程序（将工件放入其他工位进行第三次检测）。

④ 当检测次数＝1（第一次）时，进入 31TOX 子程序（将工件放入其他工位进行第二次检测）。

若检测次数＝0（初始值），则顺序判断各工位的有料无料状态，执行相应的转运程序。为此必须标定检测次数，从 1♯ 工位将工件转运到 N♯ 工位后必须对各工位的检验次数进行标定，同时清掉 1♯ 工位的检测次数。

（2）处理程序

```
1 *  1GWEIBULP'  程序分支标记
'  如果检测次数= 3 就执行不良品转运程序 31TOFP,否则进行下一判断
2 IF M221= 3 THEN CALLP "31TOFP"
'  如果检测次数= 2 就执行转运程序 31TO3X,否则进行下一判断
3 IF M221= 2 THEN CALLP "31TO3X"
'  如果 2# 工位无料就执行转运程序 31TO2,否则进行 3# 工位判断
4 IF M_IN(15)= 0 THEN
5 CALLP"31TO2"
6 M222= 2'  标定 2# 工位检测次数= 2
7 M221= 0'  标定 1# 工位检测次数= 0
8 GOTO* LAB2
9 ELSE '(1)
10 ENDIF
'  如果 3# 工位无料就执行转运程序 31TO3,否则进行 4# 工位判断
11 IF M_IN(16)= 0 THEN
12 CALLP"31TO3"
13 M223= 2'  标定 3# 工位检测次数= 2
14 M221= 0'  标定 1# 工位检测次数= 0
15 GOTO* LAB2
16 ELSE '(2)
17 ENDIF
'  如果 4# 工位无料就执行转运程序 31TO4,否则进行 5# 工位判断
18 IF M_IN(17)= 0 THEN
19 CALLP"31TO4"
20 M224= 2'  标定 4# 工位检测次数= 2
21 M221= 0'  标定 1# 工位检测次数= 0
22 GOTO* LAB2
23 ELSE '(3)
24 ENDIF
'  如果 5# 工位无料就执行转运程序 31TO5,否则进行 6# 工位判断
25 IF M_IN(18)= 0 THEN
26 CALLP"31TO5"
27 M225= 2'  标定 5# 工位检测次数= 2
28 M221= 0'  标定 1# 工位检测次数= 0
29 GOTO* LAB2
30 ELSE '(4)
```

```
31 ENDIF
'  如果 6# 工位无料就执行转运程序 31TO6,否则结束程序
32 IF M_IN(19)= 0 THEN
33 CALLP"31TO6"
34 M226= 2'  标定 6# 工位检测次数= 2
35 M221= 0'  标定 1# 工位检测次数= 0
36 GOTO* LAB2
37 ELSE '(5)
38 ENDIF
'  如果 6# 工位检测不合格就执行转运程序 36TOX,否则结束程序
39 IF M_IN(25)= 1 THEN
40 CALLP"36TOX"
41 ELSE '(6)
42 ENDIF '(6)
43 * LAB2
44 END
```

14.3.7　不良品在 1# 工位时向废品区的转运

（1）转运流程图

图 14-8 所示为不良品在 1♯工位时向废品区的转运流程图。

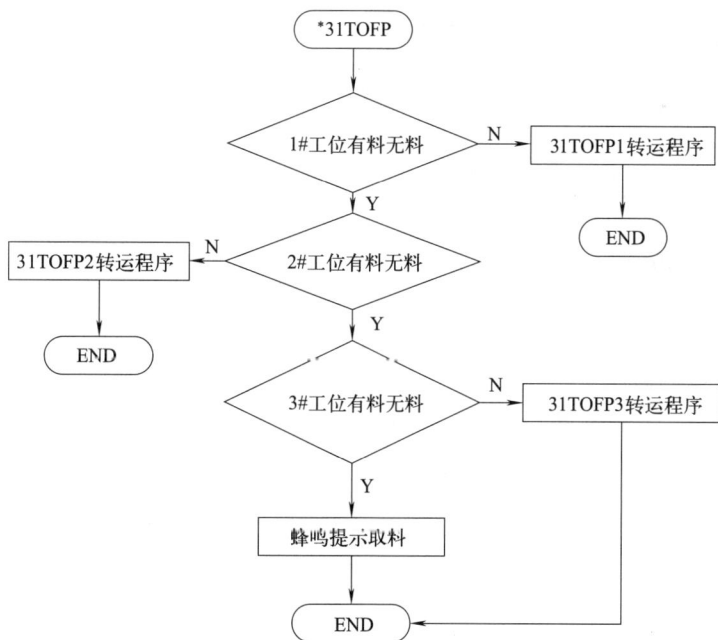

图 14-8　不良品在 1♯工位时向废品区的转运流程图

（2）转运程序

可参见 31TOX。

14.3.8　主程序、子程序汇总

对于复杂的程序流程，将一段固定的动作编制为子程序是一种简单实用的编程方法。主程序、子程序汇总见表 14-6。

表 14-6　主程序、子程序汇总

序号	程序名称	程序号	功能	上级程序
1	主程序	MAIN		
一级子程序				
2	上料子程序	SL		MAIN
3	卸料子程序	XL		MAIN
4	不良品处理程序	BULP		MAIN
5	报警程序	BAOJ		MAIN
二级子程序　上料子程序所属子程序				
6	输送带到 1#工位	10TO11		SL
7	输送带到 2#工位	10TO12		SL
8	输送带到 3#工位	10TO13		SL
9	输送带到 4#工位	10TO14		SL
10	输送带到 5#工位	10TO15		SL
11	输送带到 6#工位	10TO16		SL
二级子程序　卸料子程序所属子程序				
12	1#工位到输送带	21TO20		XL
13	2#工位到输送带	22TO20		XL
14	3#工位到输送带	23TO20		XL
15	4#工位到输送带	24TO20		XL
16	5#工位到输送带	25TO20		XL
17	6#工位到输送带	26TO20		XL
二级子程序　不良品处理程序所属子程序				
18	不良品从 1#工位转其他工位	31TOX		BULP
19	不良品从 2#工位转其他工位	32TOX		BULP
20	不良品从 3#工位转其他工位	33TOX		BULP
21	不良品从 4#工位转其他工位	34TOX		BULP
22	不良品从 5#工位转其他工位	35TOX		BULP
23	不良品从 6#工位转其他工位	36TOX		BULP
24	不良品从 1#工位转废品区	31TOFP		BULP
25	不良品从 2#工位转废品区	32TOFP		BULP
26	不良品从 3#工位转废品区	33TOFP		BULP
27	不良品从 4#工位转废品区	34TOFP		BULP
28	不良品从 5#工位转废品区	35TOFP		BULP
29	不良品从 6#工位转废品区	36TOFP		BULP

序号	程序名称	程序号	功能	上级程序
三级子程序				
30	不良品从 1♯工位转 2♯工位	31TO32		31TOX
31	不良品从 1♯工位转 3♯工位	31TO33		31TOX
32	不良品从 1♯工位转 4♯工位	31TO34		31TOX
33	不良品从 1♯工位转 5♯工位	31TO35		31TOX
34	不良品从 1♯工位转 6♯工位	31TO36		31TOX
35	不良品从 2♯工位转 1♯工位	32TO31		32TOX
36	不良品从 2♯工位转 3♯工位	32TO33		32TOX
37	不良品从 2♯工位转 4♯工位	32TO34		32TOX
38	不良品从 2♯工位转 5♯工位	32TO35		32TOX
39	不良品从 2♯工位转 6♯工位	32TO36		32TOX
40	不良品从 3♯工位转 1♯工位	33TO31		33TOX
41	不良品从 3♯工位转 2♯工位	33TO32		33TOX
42	不良品从 3♯工位转 4♯工位	33TO34		33TOX
43	不良品从 3♯工位转 5♯工位	33TO35		33TOX
44	不良品从 3♯工位转 6♯工位	33TO36		33TOX
45	不良品从 4♯工位转 1♯工位	34TO31		34TOX
46	不良品从 4♯工位转 2♯工位	34TO32		34TOX
47	不良品从 4♯工位转 3♯工位	34TO33		34TOX
48	不良品从 4♯工位转 5♯工位	34TO35		34TOX
49	不良品从 4♯工位转 6♯工位	34TO36		34TOX
50	不良品从 5♯工位转 1♯工位	35TO31		35TOX
51	不良品从 5♯工位转 2♯工位	35TO32		35TOX
52	不良品从 5♯工位转 3♯工位	35TO33		35TOX
53	不良品从 5♯工位转 4♯工位	35TO34		35TOX
54	不良品从 5♯工位转 6♯工位	35TO36		35TOX
55	不良品从 6♯工位转 1♯工位	36TO31		36TOX
56	不良品从 6♯工位转 2♯工位	36TO32		36TOX
57	不良品从 6♯工位转 3♯工位	36TO33		36TOX
58	不良品从 6♯工位转 4♯工位	36TO34		36TOX
59	不良品从 6♯工位转 5♯工位	36TO35		36TOX
60	不良品从 1♯工位转废品区 1	31TOFP1		31TOFP
61	不良品从 1♯工位转废品区 2	31TOFP2		31TOFP
62	不良品从 1♯工位转废品区 3	31TOFP3		31TOFP
63	不良品从 2♯工位转废品区 1	32TOFP1		32TOFP
64	不良品从 2♯工位转废品区 2	32TOFP2		32TOFP
65	不良品从 2♯工位转废品区 3	33TOFP3		32TOFP

序号	程序名称	程序号	功能	上级程序
66	不良品从 3♯ 工位转废品区 1	33TOFP1		33TOFP
67	不良品从 3♯ 工位转废品区 2	33TOFP2		33TOFP
68	不良品从 3♯ 工位转废品区 3	33TOFP3		33TOFP
69	不良品从 4♯ 工位转废品区 1	34TOFP1		34TOFP
70	不良品从 4♯ 工位转废品区 2	34TOFP2		34TOFP
71	不良品从 4♯ 工位转废品区 3	34TOFP3		34TOFP
72	不良品从 5♯ 工位转废品区 1	35TOFP1		35TOFP
73	不良品从 5♯ 工位转废品区 2	35TOFP3		35TOFP
74	不良品从 5♯ 工位转废品区 3	36TOFP3		35TOFP
75	不良品从 6♯ 工位转废品区 1	36TOFP1		36TOFP
76	不良品从 6♯ 工位转废品区 2	36TOFP3		36TOFP
77	不良品从 6♯ 工位转废品区 3	36TOFP3		36TOFP

14.4 结语

① 在工件检测项目中，编程的主要问题不是编制搬运程序，而是建立一个优化的程序流程。因此，在编程初期，要与设备的设计人员反复商讨工艺流程，在确认一个优化的工作流程后，再着手编制流程图和程序。

② 对每一段固定的动作必须将其编制为子程序，以简化编程工作，同时也利于对主程序进行分析。

③ 在将工件压入检测槽时柔性控制技术是关键技术，如果工件没有紧密放置在检测槽内，会影响检测结果。

第15章 工业机器人在码垛生产线中的应用

本章通过一个实际案例讲解机器人在码垛生产线中的应用。在学习本章的内容前，建议先复习9.20节的内容。

15.1 项目综述

某项目需要使用机器人对包装箱进行码垛处理。如图15-1所示，由传送带将包装箱传送到固定位置，再由机器人抓取并码垛。码垛要求为6×8，错层布置，层数＝10，左右各一垛。

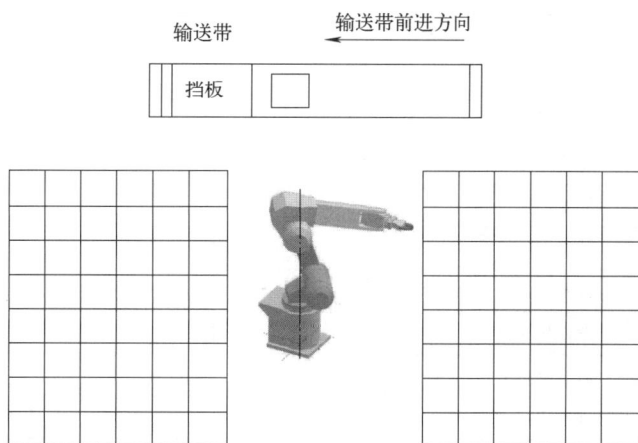

图15-1 机器人码垛生产线工作示意

15.2 解决方案

① 配置机器人一台作为工作中心，负责工件抓取、搬运、码垛。机器人配置32点输入/32点输出的I/O卡。选取三菱RV-7FLL机器人，该机器人搬运重量为7kg，最大动作半径为1503mm。因为是码垛作业，所以选取机器人的动作半径应尽可能大一些。三菱

RV-7FLL 是臂长加长型的机器人，可以满足工作要求。

② 示教单元：R33TB（用于示教位置点）。

③ 机器人选件：I/O 卡 2D-TZ368，用于接收外部操作屏信号和控制外围设备动作。

④ 选用三菱 PLC FX3U-48MR 作为主控系统，用于控制机器人的动作并处理外部检测信号。

⑤ 触摸屏选用 GS2110-WTBD，可以直接与机器人相连，直接设置和修改各工艺参数，发出操作信号。

硬件配置见表 15-1。

表 15-1　硬件配置一览表

序号	名称	型号	数量	备注
1	机器人	RV-7FLL	1	三菱
2	示教单元	R33TB	1	三菱
3	I/O 卡	2D-TZ368	1	三菱
4	PLC	FX3U-48MR	1	三菱
5	触摸屏	GS2110-WTBD	1	三菱

根据现场控制和操作的需要设计输入/输出点，并通过机器人 I/O 卡 TZ368 接入，TZ368 的地址编号是机器人识别的 I/O 地址。为识别方便，分列输入/输出信号地址（表 15-2、表 15-3）。

表 15-2　输入信号地址一览表

序号	名称	地址（TZ368）
1	自动启动	3
2	自动暂停	0
3	复位	2
4	伺服 ON	4
5	伺服 OFF	5
6	报警复位	6
7	操作权	7
8	回退避点	8
9	机械锁定	9
10	气压检测	10
11	输送带正常运行检测	11
12	输送带进料端有料无料检测	12
13	输送带无料时间超长检测	13
14	1#垛位有料无料检测	14
15	2#垛位有料无料检测	15
16	吸盘夹紧到位检测	29
17	吸盘松开到位检测	30

表 15-3　输出信号地址一览表

序号	名称	地址（TZ368）
1	机器人自动运行中	0
2	机器人自动暂停中	4
3	急停中	5
4	报警复位	2
5	吸盘 ON	11
6	吸盘 OFF	12
7	输送带无料时间超长报警	13

15.3　编程

15.3.1　总流程及主、子程序汇总

图 15-2 所示为码垛总流程图。

① 初始化程序。

② 输送带有料无料判断。如果无料，继续判断是否超过无料等待时间，如果超过，则进入报警程序，再跳转到 END。

③ 如果未超过无料等待时间，则继续进行有料无料判断。如果有料，则进行 1♯ 垛位可否执行码垛作业判断，若 Yes 则执行 1♯ 码垛作业，若 No 则执行 2♯ 码垛作业。

④ 进行 2♯ 垛位可否执行码垛作业判断。若 Yes 则执行 2♯ 码垛作业，若 No 则跳转到报警程序，再执行 END。

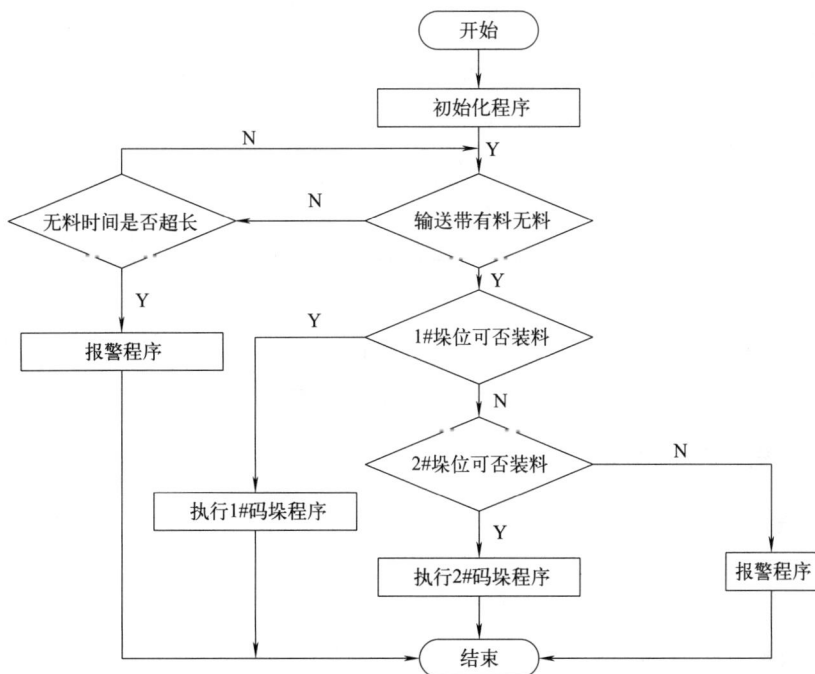

图 15-2　码垛总流程图

必须从宏观着手编制主程序，只有在编制主程序时考虑周到，才能达到事半功倍的效果。主程序可分为 4 个子程序，1♯码垛程序与 2♯码垛程序内又各自可按层数分为 10 个子程序。主程序、子程序汇总见表 15-4。

表 15-4　主程序、子程序汇总

序号	程序名称	程序号	上级程序
1	主程序	MAIN	
2	初始化	CHUSH	MAIN
3	1♯垛位码垛	PLT199	MAIN
4	2♯垛位码垛	PLT299	MAIN
5	报警	BJ100	MAIN
6	1♯1 层码垛	PLT11	PLT199
7	1♯2 层码垛	PLT12	PLT199
8	1♯3 层码垛	PLT13	PLT199
9	1♯4 层码垛	PLT14	PLT199
10	1♯5 层码垛	PLT15	PLT199
11	1♯6 层码垛	PLT16	PLT199
12	1♯7 层码垛	PLT17	PLT199
13	1♯8 层码垛	PLT18	PLT199
14	1♯9 层码垛	PLT19	PLT199
15	1♯10 层码垛	PLT110	PLT199
16	2♯1 层码垛	PLT21	PLT299
17	2♯2 层码垛	PLT22	PLT299
18	2♯3 层码垛	PLT23	PLT299
19	2♯4 层码垛	PLT24	PLT299
20	2♯5 层码垛	PLT25	PLT299
21	2♯6 层码垛	PLT26	PLT299
22	2♯7 层码垛	PLT27	PLT299
23	2♯8 层码垛	PLT28	PLT299
24	2♯9 层码垛	PLT29	PLT299
25	2♯10 层码垛	PLT210	PLT299

可以将每一层的运动程序编制为一个子程序，在每一子程序中都重新定义 PLT（矩阵）规格。而且每一层的矩阵位置点也确实与上下一层各不相同。主程序就是顺序调用子程序，这样的编程简洁明了，同时也不受 PLT 指令数量的限制。

15.3.2　主程序与子程序编制

（1）主程序 MAIN
根据图 15-2 编制的主程序如下。

```
主程序 MAIN
1 CALLP"CHUSH"　调用初始化程序
2 * LAB1'　程序分支标记
```

```
3 IF M_IN(12)= 0   THEN'  进行输送带有料无料判断

4 GOTO LAB2'  如果输送带无料则跳转到 * LAB2

5 ELSE'  否则往下执行

6 ENDIF'  判断-选择语句结束

7 IF M_IN(14)= 1   THEN'  进行 1# 垛位有料无料(是否码垛完成)判断

8 GOTO LAB3'  如果 1# 垛位有料(码垛完成)则跳转到 * LAB3

9 ELSE'  否则往下执行

10 ENDIF'  判断-选择语句结束

11 CALLP"PLT199"'  调用 1# 码垛程序

12 * LAB4'  程序结束标记

13 END'  程序结束

14 * LAB2'  输送带无料程序分支标记

15 IF M_IN(13)= 1   THEN'  进行待料时间判断

16 M_OUT(13)= 1'  如果待料时间超长则发出报警

17 GOTO * LAB4'  程序结束

18 ELSE'  否则重新检测输送带有料无料

19 GOTO * LAB1'  跳转到 * LAB1

20 ENDIF'  判断-选择语句结束

21 * LAB3'  1# 垛位有料程序分支标记,转入对 2# 垛位的处理

22 IF M_IN(15)= 1   THEN'  如果 2# 垛位有料,则报警

23 M_OUT(13)= 1'  指令输出信号 13= ON

24 GOTO * LAB4'  程序结束

25 ELSE'  否则

26 CALLP"PLT299"'  调用 2# 码垛程序

27 ENDIF'  判断-选择语句结束

28 END'  程序结束
```

（2）1# 垛位码垛程序 PLT199

1#垛位码垛程序 PLT199 又分为 10 个子程序。每一层的码垛分为一个子程序。这是因为：包装箱需要错层布置，防止垮塌；每一层的高度增加，需要设置 Z 轴坐标。

```
1# 垛位码垛程序 PLT199

1 CALLP"PLT11"'  调用第 1 层码垛程序

2 DLY 1'  暂停 1s

3 CALLP"PLT12"'  调用第 2 层码垛程序

4 DLY 1'  暂停 1s

5 CALLP"PLT13"'  调用第 3 层码垛程序

6 DLY 1'  暂停 1s

7 CALLP"PLT14"'  调用第 4 层码垛程序

8 DLY 1'  暂停 1s

9 CALLP"PLT15"'  调用第 5 层码垛程序

10 DLY 1'  暂停 1s

11 CALLP"PLT16"'  调用第 6 层码垛程序
```

```
12 DLY 1'   暂停 1s
13 CALLP"PLT17"'   调用第 7 层码垛程序
14 DLY 1'   暂停 1s
15 CALLP"PLT18"'   调用第 8 层码垛程序
16 DLY 1'   暂停 1s
17 CALLP"PLT19"'   调用第 9 层码垛程序
18 DLY 1'   暂停 1s
19 CALLP"PLT110"'   调用第 10 层码垛程序
20 END'   程序结束
```

（3）1# 1层码垛程序 PLT11

在 1♯1 层码垛程序 PLT11 中使用了专用的码垛指令，用于确定每一格的定位位置，这是该程序的关键所在。

图 15-3 所示为 1♯1 层码垛流程图。图 15-4 所示为使用 PLT 指令定义托盘位置示意。

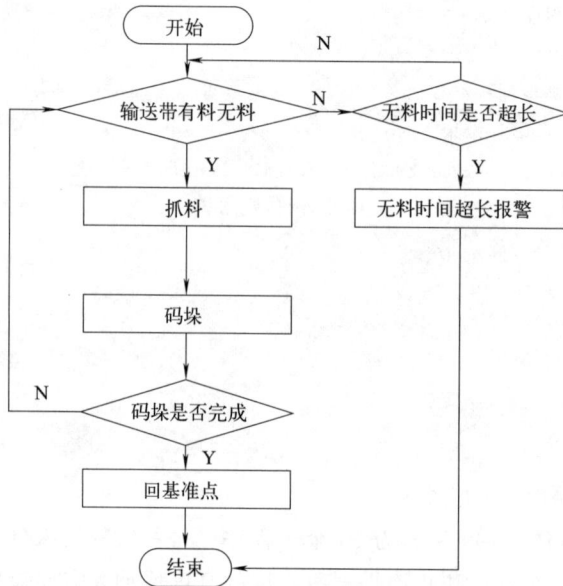

图 15-3　1♯1 层码垛流程图

48 终点B	47	46	45	44	43 对角点
37	38	39	40	41	42
36	35	34	33	32	31
25	26	27	28	29	30
24	23	22	21	20	19
13	14	15	16	17	18
12	11	10	9	8	7
1 起点	2	3	4	5	6 终点A

图 15-4　PLT 指令定义托盘位置示意

```
1# 1层码垛程序 PLT11

1 SERVO ON'  伺服 ON

2 OVRD 20'  设置速度倍率

'  以下对托盘 1 各位置点进行定义

3 P10= P_01+ (+ 0.00,+ 0.00,+ 0.00,+ 0.00,+ 0.00,+ 0.00)'  起点

4 P11= P10+ (+ 0.00,+ 100.00,+ 0.00,+ 0.00,+ 0.00,+ 0.00)'  终点 A

5 P12= P10+ (+ 140.00,+ 0.00,+ 0.00,+ 0.00,+ 0.00,+ 0.00)'  终点 B

6 P13= P10+ (+ 140.00,+ 100.00,+ 0.00,+ 0.00,+ 0.00,+ 0.00)'  对角点

7 DEF PLT 1,P10,P11,P12,P13,6,8,1'  定义托盘 1

8 M1= 1'  M1 表示各位置点

9 * LOOP'  循环指令标记

10 IF M_IN(11)= 0   THEN * LAB1'  输送带有料无料判断,若无料则跳转到 * LAB1,否则往下
执行

11 MOV P1,- 50'  移动到输送带位置点准备抓料

12 MVS P1'  前进到 P1 点

13 M_OUT(12)= 1'  指令吸盘= ON

14 WAIT M_IN(12)= 1'  等待吸盘= ON

15 DLY 0.5'  暂停 0.5s

16 MVS,- 50'  退回到 P1 点的近点

17 P100= PLT 1,M1'  以变量形式表示托盘 1 中的各位置点

18 MVS P100,- 50'  运动到码垛位置点准备卸料

19 MVS P100'  前进到 P100 点

20 M_OUT(12)= 0'  指令吸盘= OFF,卸料

21 WAIT M_IN(12)= 0'  等待卸料完成

22 DLY 0.3'  暂停 0.3s

23 MVS,- 50'  退回到 P100 点的近点

24 M1= M1+ 1'  变量加 1

25 IF M1< = 48   THEN * LOOP'  判断:如果变量小于或等于 48,则继续循环

'  否则移动到输送带待料

26 MOV P1,- 50'  移动到输送带位置点准备抓料

27 END'  程序结束

28 * LAB1'  程序分支标记

29 IF M_IN(12)= 1   THEN M_OUT(10)= 1'  若待料时间超长则报警

'  否则重新进入循环 * LOOP

30 GOTO * LOOP'  跳转到* LOOP

31 END'  程序结束
```

　　由于是错层布置,2 层及以上各层各起点、终点、对角点位置要重新计算,而且抓手要旋转一个角度,层高也不断变化。其码垛程序与 1#1 层码垛程序 PLT11 在结构形式上完全相同。

15.4 结语

机器人在码垛生产线中的应用主要使用 PLT 指令，但实质上 PLT 指令只是一个定义矩阵格中心位置的指令。实际码垛一般需要错层布置，因此不能一个 PLT 指令用到底，每一层的位置都需要重新定义，然后使用循环指令反复执行抓取，而且必须作为一个完整的系统工程来考虑。

第**16**章 工业机器人在抛光中的应用

本章介绍根据工作路径编制程序的方法。抛光的关键技术是检测工件与抛光轮之间的压力。在该项目中，有许多与抛光轮转速、材料、磨料相关的工艺参数，需要在实践中摸索。

16.1 项目综述

图 16-1 所示工件由机器人完成抛光，客户的要求如下。

① 抛光轮由变频电机驱动，必须能够预置多种转速。

② 工件由机器人夹持实施多个面的抛光。

③ 机器人由两套系统控制（外部操作屏与触摸屏），在触摸屏上可以设置各种工艺参数。

图 16-1 工件

④ 能够简单检测抛光质量。

⑤ 机器人运行轨迹符合工件的 3D 轨迹。

⑥ 能够进行工件计数。

⑦ 夹持工件不需要视觉装置辅助调整。

⑧ 能够提供实用的工艺参数。

⑨ 重复定位精度＜0.12mm。

⑩ 成本低。

16.2 解决方案

① 以三菱机器人 RV-2F 为中心，因为需要对多个工作面进行抛光作业，所以必须选择 6 轴机器人。机器人主要指标如下：因工件加抓手重量＜2kg，故夹持重量＝2kg；臂长 504mm；重复定位精度＝0.02mm；标配控制器 CR751D。

② 示教单元：R33TB（用于示教位置点）。

③ 机器人选件：32 点输入/32 点输出 I/O 卡 2D-TZ368，用于接收外部操作屏信号和控制外围设备动作。

④ 选用普通电机＋三菱变频器 A740-2.2K 作为抛光轮驱动系统，转速可调。

⑤ 选用三菱 PLC FX3U-32MR 作为主控系统。由 PLC 控制可以预置 7 种转速。

⑥ 选用 GS1000 系列触摸屏，可以直接与机器人相连，直接设置和修改各工艺参数。

⑦ 使用机器人的负载检测控制，间接实现抛光质量检测。

⑧ 在进料端设置挡块，使工件定位。抓手为内张型，可控制定位位置。同时放大抛光行程，可以满足工件表面全抛光的要求。

⑨ 工件经卸料端光电开关检测，由 PLC 计数，在触摸屏上显示。

⑩ 抛光工艺参数必须通过工艺试验确定。

硬件配置见表 16-1。

表 16-1　硬件配置一览表

序号	名称	型号	数量	备注
1	机器人	RV-2F	1	三菱
2	示教单元	R33TB	1	三菱
3	I/O 卡	2D-TZ368	1	三菱
4	PLC	FX3U-32MR	1	三菱
5	触摸屏	GS1000	1	三菱
6	变频器	A740-2.2K	1	三菱
7	电机		1	普通电机(2kW)
8	光电开关		1	

在机器人运行速度和抛光磨料确定的条件下测试抛光轮材料、转速与工件抛光质量的关系。因为抛光轮是柔性的，无法预先确定运行轨迹，而工作电流表示了工件与抛光轮的贴合程度（磨削量），在基本选定抛光轮转速和机器人运行速度后，测定最佳工作电流。试验时需要逐步加大磨削量以观察工作电流的变化。

16.3　编程

编制程序的要求如下。

① 按工件的 3D 轮廓编制运行轨迹，不采用描点法。

② 能够设置一次、二次、三次磨削量，能够设置抛光轮转速。

③ 能够根据抛光轮材料自动匹配抛光轮转速、机器人运行速度。根据每一工件的最少加工时间（效率）确定机器人运行速度。

④ 自动添加抛光磨料。

⑤ 有工件计数功能。

16.3.1　总流程及子程序汇总

图 16-2 所示为工件抛光总流程图，其核心在于有一个试磨程序，即通过检测工作电流测试工件与抛光轮的贴合程度，如果达到最佳工作电流就进入正常抛光程序，如果未达到最佳工作电流就进入基准工作点补偿程序。正常抛光流程图如图 16-3 所示。

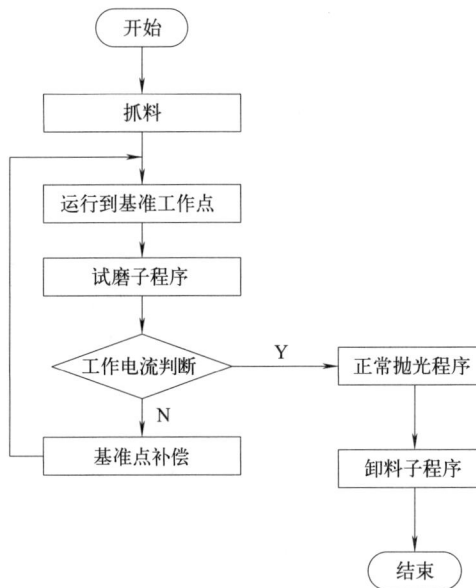

图 16-2　工件抛光总流程图

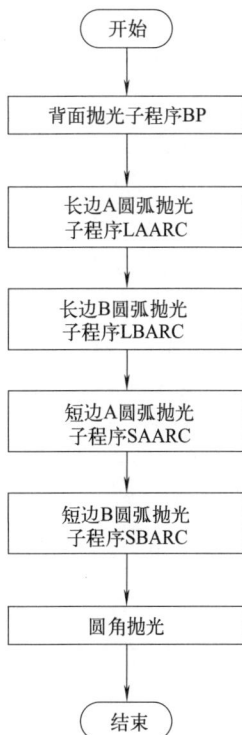

图 16-3　正常抛光流程图

由于各个面的抛光运行轨迹各不相同，为简化编程，预先将各部分动作划分为若干子程序（表 16-2）。

表 16-2　子程序汇总

序号	子程序名称	功能	程序号
1	初始化	进行初始化	CSH
2	抓料	抓料	ZL
3	试磨及电流判断	试磨/电流判断/基准点补偿	ACTEST
4	背面抛光	抛光背面	BP
5	长边 A 抛光	抛光长边 A 圆弧	LAARC
6	长边 B 抛光	抛光长边 B 圆弧	LBARC
7	短边 A 抛光	抛光短边 A 圆弧	SAARC
8	短边 B 抛光	抛光短边 B 圆弧	SBARC
9	圆弧抛光	纯粹圆弧抛光	YHPG
10	圆角抛光 1	抛光圆角	ARC1
11	圆角抛光 2	抛光圆角	ARC2

续表

序号	子程序名称	功能	程序号
12	圆角抛光 3	抛光圆角	ARC3
13	圆角抛光 4	抛光圆角	ARC4
14	卸料	卸料	XIEL

16.3.2　主程序

为编程简洁明了，将工作程序分解为若干子程序，主程序则负责调用这些子程序。

```
主程序 MAIN100
1 CALLP  "CSH"' 调用初始化子程序子
2 CALLP "ZL"' 调用抓料子程序
3 CALLP "ACTEST"'  调用试磨及电流判断子程序
4 * ZC'  正常抛光程序标记
5 CALLP "BP"' 调用背面抛光子程序
6 CALLP "LAARC"' 调用长边 A 抛光子程序
7 CALLP "LBARC"' 调用长边 B 抛光子程序
8 CALLP "SAARC"' 调用短边 A 抛光子程序
9 CALLP "SBARC"' 调用短边 B 抛光子程序
10 CALLP "ARC1"' 调用圆角抛光 1 子程序
11 CALLP "ARC2"' 调用圆角抛光 2 子程序
12 CALLP "ARC3"' 调用圆角抛光 3 子程序
13 CALLP "ARC4"' 调用圆角抛光 4 子程序
14 CALLP "XIEL"' 调用卸料子程序
15 END' 主程序结束
```

16.3.3　初始化子程序

初始化子程序用于对机器人系统的自检和外围设备的启动与检测。

```
初始化子程序 CSH
1 * CSH' 初始化子程序标记
2 M_OUT(10)= 1' 抛光轮启动
3 DLY 0.5' 暂停
4 M_OUT(11)= 1' 气泵启动
5 M10= M_IN(10)' 气压检测
6 M11= M_IN(11)' 抛光轮转速检测
7 M12= M_IN(12)' 输送带有料无料检测
8 M15= M10+ M11+ M12' 判断气压、抛光轮转速、有料信号是否全部到位
9 IF M15= 3 THEN' 判断
10 GOTO * ZL' 跳转到抓料子程序
11 ELSE' 否则
12 GOTO * CSH' 跳转到初始化子程序
```

13 ENDIF'　判断-选择语句结束

14 END'　程序结束

15 * ZL'　抓料子程序标记

'　如果气压、抛光轮转速、有料信号全部到位,就进入抓料程序,否则继续执行初始化子程序

16.3.4　试磨及电流判断子程序

试磨及电流判断子程序 ACTEST

1 * ACTEST'　试磨及电流判断子程序标记

2 M52= M_LdFact(2)'　检测 2 轴工作电流

3 M53= M_LdFact(3)'　检测 3 轴工作电流

4 M55= M_LdFact(5)'　检测 5 轴工作电流

5 M60= M52+ M53+ M55'　M60 为综合工作电流

6 P1=P1+P101'　P101 为磨削补偿量

7 MOV P1'　P1 试磨起点(基准点)

8 MVS P2'　试磨终点

9 IF M60 < M_100 THEN'　工作电流判断(M_100 为工艺规定数据,可以设定),若综合工作电流小于工艺规定数据,则

10 P101.X= P101.X+ 0.01'　对试磨基准点进行补偿

11 GOTO * ACTEST'　重新试磨

12 ELSE'　否则

13 GOTO * PG100'　PG100 为正常抛光程序(某一部分)

14 ENDIF'　判断-选择语句结束

15 END'　程序结束

16.3.5　背面抛光子程序

背面抛光子程序必须考虑进行三次抛光,每一次比前一次有一个微前进量。背面抛光运行轨迹如图 16-4 所示。以 P1 点为基准点,P2、P3、P4 各点根据 P1 点计算。运行轨迹为 P1→P2→P3→P4→P5→P6→P3→P4→P7→P8→P3。

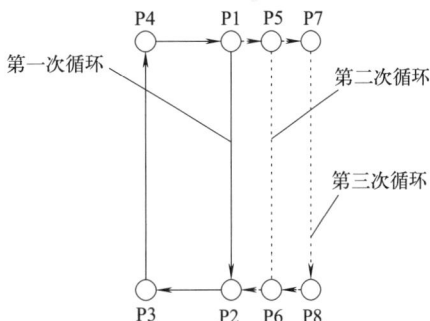

图 16-4　背面抛光运行轨迹

背面抛光子程序 RP

1 P2= P1-P_10'　P_10 为工件长

2 P3= P2-P_11'　P_11 为退刀量

3 P4= P3+ P_10'　赋值

'　第一次抛光循环

4 MOV P1'　P1 为测定的基准点

5 MVS P2'　移动到 P2 点

6 MVS P3'　移动到 P3 点

```
7 MVS P4'  移动到 P4 点
'  第二次抛光循环
8 MVS P1+ P101'  P101 为 1# 进刀量
9 MVS P2+ P101'  移动到 P2+ P101
10 MVS P3'  移动到 P3 点
11 MVS P4'  移动到 P4 点
'  第三次抛光循环
12 MVS P1+ P102'  P102 为 2# 进刀量
13 MVS P2+ P102'  移动到 P2+ P102
14 MVS P3'  移动到 P3 点
15 MVS P4'  移动到 P3 点
16 END'  程序结束
```

16.3.6 长边抛光子程序

长边抛光运行轨迹分为上半圆弧运行轨迹和下半圆弧运行轨迹（图 16-5～图 16-7）。

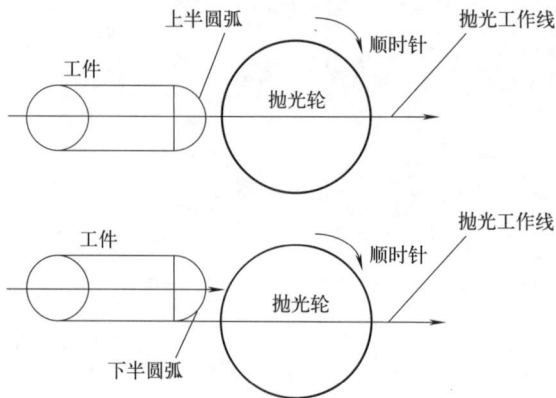

图 16-5 长边抛光示意

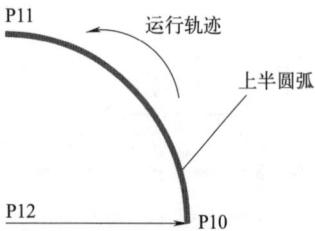

图 16-6 上半圆弧运行轨迹

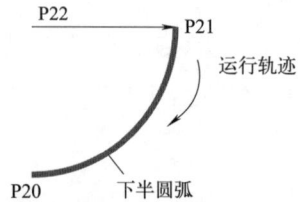

图 16-7 下半圆弧运行轨迹

```
上半圆弧运行程序
1 OVRD 20'  设置速度倍率
2 P10= P_Curr'  取当前点为 P10
3 P11= P_Curr-P_38'  P_38 是圆弧插补终点数据,P11 为圆弧插补终点
4 P12= P_Curr-P_36'  P_36 是圆弧插补半径数据,P12 为圆心
```

```
5 MVR3 P10,P11,P12'  圆弧插补(抛光)
6 MVR3 P11,P10,P12'  圆弧插补(回程)
7 MVR3 P10,P11,P12'  圆弧插补(抛光)
8 MVR3 P11,P10,P12'  圆弧插补(回程)
9 MVR3 P10,P11,P12'  圆弧插补(抛光)
10 MVR3 P11,P10,P12'  圆弧插补(回程)
11 END'  程序结束
```

```
下半圆弧运行程序
1 OVRD 20'  设置速度倍率
2 P20= P_Curr'  取当前点为 P20
3 P21= P_Curr+ P_38'  P_38 是圆弧插补终点数据,P21 为圆弧插补终点
4 P22= P_Curr+ P_37'  P_37 是圆弧插补半径数据,P22 为圆心
5 MVR3 P20,P21,P22'  圆弧插补(抛光)
6 MVR3 P21,P20,P22'  圆弧插补(回程)
7 MVR3 P20,P21,P22'  圆弧插补(抛光)
8 MVR3 P21,P20,P22'  圆弧插补(回程)
9 MVR3 P20,P21,P22'  圆弧插补(抛光)
10 MVR3 P21,P20,P22'  圆弧插补(回程)
11 END'  程序结束
```

16.3.7　圆角抛光子程序

圆角抛光运行轨迹如图 16-8 所示。

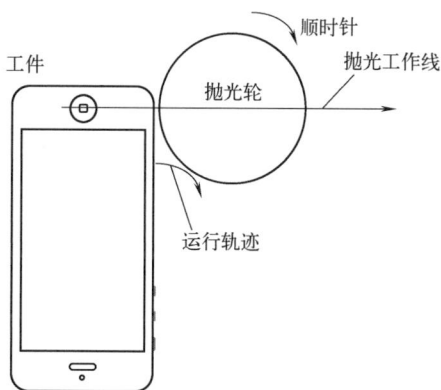

图 16-8　圆角抛光运行轨迹

圆角抛光子程序用于对工件的 4 个圆角进行抛光。由于机器人的控制点设置在工件中心，所以可以直接将工件运行到位后，进行圆弧插补。

```
圆角抛光子程序  ARC1
1 OVRD 20'  设置速度倍率
2 P10= P_Curr'  P10 为当前点
3 P11= P_Curr+P_28'  P_28 是圆弧终点数据,P11 为圆弧插补终点
```

```
4 P12= P_Curr-P_26 '  P_26 是圆弧半径数据,P12 为圆心
5 MVR3 P10,P11,P12 '  圆弧插补(抛光)
6 MVR3 P11,P10,P12 '  圆弧插补(回程)
7 MVR3 P10,P11,P12 '  圆弧插补(抛光)
8 MVR3 P11,P10,P12 '  圆弧插补(回程)
9 MVR3 P10,P11,P12 '  圆弧插补(抛光)
10 MVR3 P11,P10,P12 '  圆弧插补(回程)
11 MVR3 P10,P11,P12 '  圆弧插补(抛光)
12 END '  程序结束
```

圆角抛光子程序与长边抛光子程序在结构上是相同的，只是各自的圆弧起点、终点、圆弧半径、圆心位置各不相同，需要进行不同的设置。

16.4 结语

抛光项目涉及的工艺因素很多，是比较复杂的应用类型。

① 从机器人的使用角度来考虑，主要是工作电流的影响，在不同的抛光轮材料和转速下，达到最佳工作电流极其重要。

② 机器人的运行轨迹有多种编程方法，这里介绍的只是其中的一种。

③ 注意长边抛光时上半圆弧与下半圆弧的区别。

第17章 工业机器人与数控加工中心的联合应用

17.1 项目综述

工业机器人与数控加工中心配合使用是智能化制造工厂的重要核心板块。项目要求如下。

① 机器人能够执行取料、开门、卸料、首次装夹、调头装夹、关门、卸料等一系列动作。

② 机器人与数控加工中心能够进行通信。

③ 抓手是双抓手，能够在一个工作点（卡盘）实现装夹和卸料动作。

④ 机器人的运行轨迹是规定的路径，能够避免发生碰撞事故。

⑤ 工件双头加工，在加工过程中要求能够进行调头装夹。

工业机器人与数控加工中心的联合应用如图 17-1 所示，工件如图 17-2 所示。

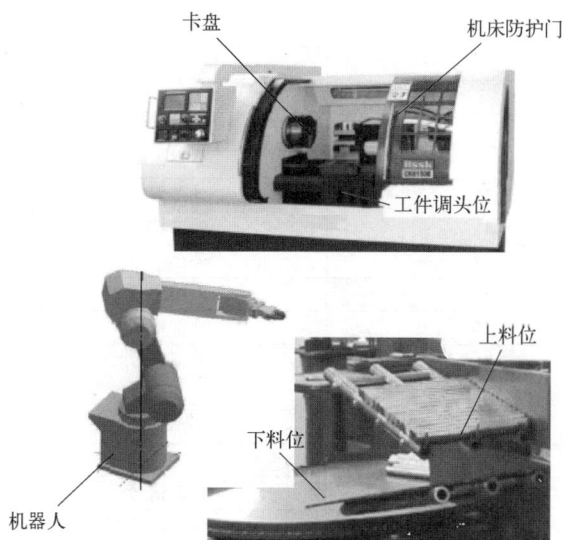

图 17-1　工业机器人与数控加工中心的联合应用

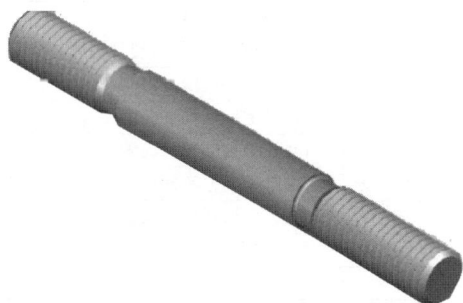

图 17-2　工件

17.2　解决方案

① 要求数控加工中心能够发出工件加工完毕信号和主轴转速信号。

② 选用三菱机器人，要求机器人具备加长手臂。

③ 机器人配置 I/O 卡，用于与数控加工中心的信息交换。

④ 配置 PLC，用于处理来自机器人和数控加工中心的 I/O 信号，特别是处理各信号的安全保护条件。

⑤ 配置触摸屏，用于发出各种操作信号和监视工作状态。

主要硬件配置见表 17-1。

表 17-1　主要硬件配置一览表

序号	名称	型号	数量	备注
1	机器人	RV-7FLL	1	三菱
2	示教单元	R33TB	1	三菱
3	I/O 卡	2D-TZ368	1	三菱
4	PLC	FX3U-48MR	1	三菱
5	触摸屏	GS2110-WTBD	1	三菱

根据现场控制和操作的需要，设计输入/输出点，通过机器人 I/O 卡 TZ368 接入，TZ368 的地址编号是机器人识别的 I/O 地址（表 17-2、表 17-3）。

表 17-2　输入信号地址一览表

序号	名称	地址（TZ368）	备注
1	自动程序启动	3	机器人信号
2	自动程序暂停	0	机器人信号
3	程序复位	2	机器人信号
4	伺服 ON	4	机器人信号
5	伺服 OFF	5	机器人信号
6	报警复位	6	机器人信号
7	操作权	7	机器人信号
8	回退避点	8	机器人信号
9	机械锁定	9	机器人信号
10	气压检测	10	外部信号
11	进料端有料无料检测	11	外部信号
12	加工中心关门到位检测	12	外部信号
13	加工中心开门到位检测	13	外部信号
14	加工中心卡盘夹紧到位检测	14	外部信号
15	加工中心卡盘松开到位检测	15	外部信号
16	1#抓手夹紧到位检测	16	外部信号
17	1#抓手松开到位检测	17	外部信号
18	2#抓手夹紧到位检测	18	外部信号
19	2#抓手松开到位检测	19	外部信号
20	加工中心工件加工完成信号	20	外部信号
21	加工中心主轴转速=0信号	21	外部信号
22	预留		
23	预留		

表 17-3 输出信号地址一览表

序号	名称	地址(TZ368)	备注
1	机器人自动运行中	0	机器人信号
2	机器人自动暂停中	4	机器人信号
3	急停中	5	机器人信号
4	报警复位	2	机器人信号
5	1#抓手夹紧(=ON)	11	外部信号
6	1#抓手松开(=OFF)	12	外部信号
7	2#抓手夹紧(=ON)	13	外部信号
8	2#抓手松开(=OFF)	14	外部信号
9	加工中心卡盘夹紧(=ON)	15	外部信号
10	加工中心卡盘松开(=OFF)	16	外部信号
11	加工中心加工程序启动	17	外部信号
12	预留		
13	预留		

17.3 编程

17.3.1 主程序

根据工艺要求及效率原则,编制了总流程图(图 17-3)。

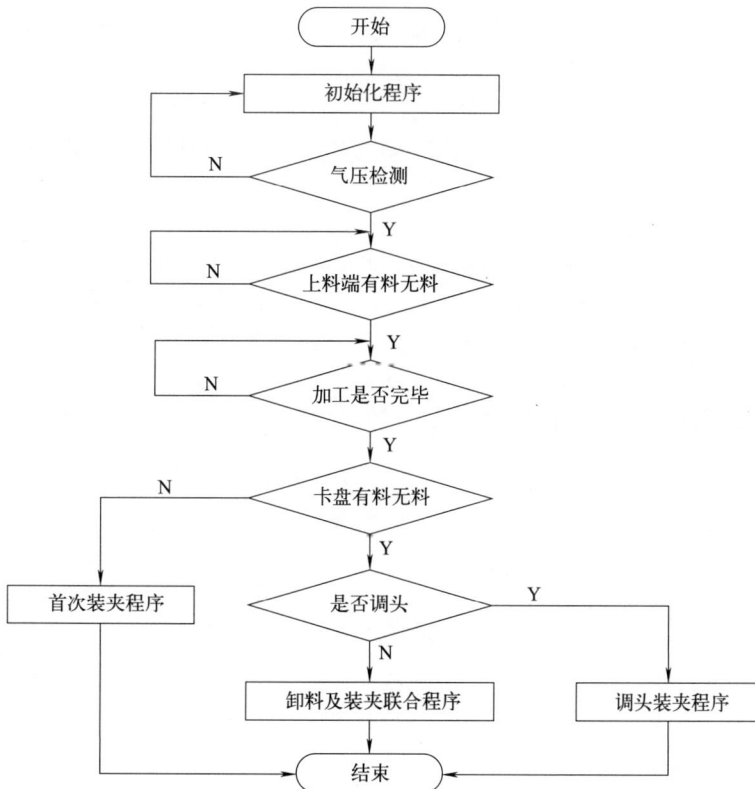

图 17-3 总流程图

为了方便编程，需要编制若干个子程序，经过程序结构分析，具体见表 17-4。

表 17-4 主程序、子程序汇总

序号	程序名称	程序号	上级程序
1	主程序	MAIN	
一级子程序			
2	初始化	CHUSH	MAIN
3	首次装夹	FIRST	MAIN
4	调头装夹	EXC	MAIN
5	卸料及装夹联合	XANDJ	MAIN
二级子程序			
6	取料	QULIAO	
7	开门	KAIM	
8	下料	XIAL	
9	首次装夹	JIAZ	
10	关门	GM	
11	卸料及装夹	XJ	
12	调头装夹	DIAOT	

根据总流程图编制主程序如下。

```
主程序 MAIN
1 CALLP " CHUSH "  调用初始化程序
2 * LAB3'  程序分支标记
3 * YALI'  程序分支标记
4 IF M15= 0 THEN GOTO * YALI'  判断气压是否达到标准,若气压不足则跳转到* YALI,若气压
达到标准则往下执行
5 * QULIAO'  程序分支标记
6 IF M25= 0 THEN GOTO * QULIAO'  判断上料端有料无料,若上料端无料则跳转到* QULIAO,若
上料端有料则往下执行
7 * WANC'  程序分支标记
8 IF M35= 0 THEN GOTO * WANC'  判断加工是否完毕
9 IF M100= 0 THEN GOTO * LAB1'  判断是否执行首次装夹
10 IF M200= 0 THEN GOTO * LAB2'  判断是否执行调头装夹
11 CALLP " XANDJ "  调用卸料及装夹联合程序
12 M300= 1'  卸料及装夹联合程序执行完毕
13 M200= 0'  执行调头装夹
14 END
15 * LAB1'  执行首次装夹
16 CALLP"FIRST"'  调用首次装夹程序
17 M100= 1'  首次装夹程序执行完毕
18 GOTO* LAB3
19 * LAB2'  执行调头装夹程序
20 CALLP " EXC "'  调用调头装夹程序
21 M200= 1'  调头装夹完成
22 GOTO* LAB3
```

17.3.2　一级子程序

（1）首次装夹子程序

首次装夹是指卡盘上没有工件，机器人进行的第一次工件装夹。图 17-4 所示为首次装夹流程图，工作路径如图 17-5 所示。

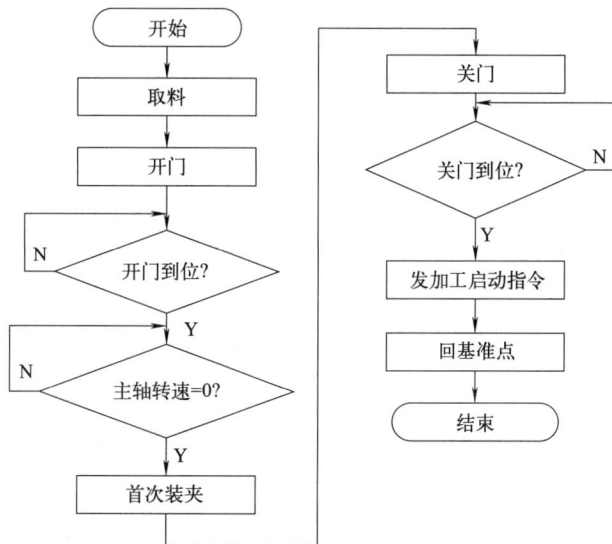

图 17-4　首次装夹流程图

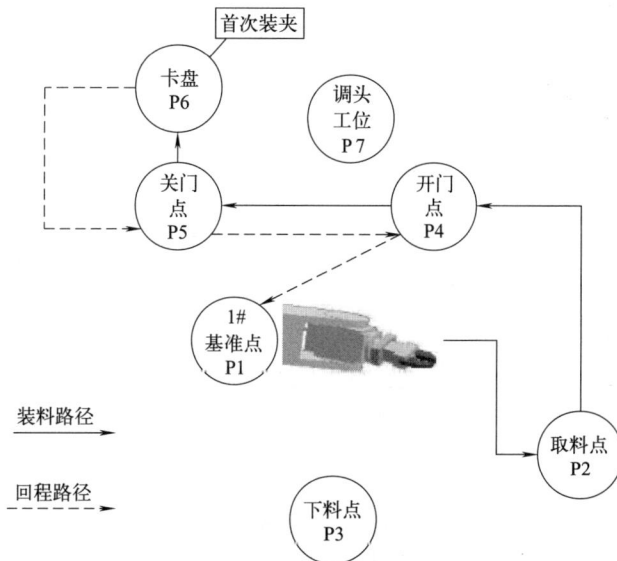

1#基准点 P1→取料点 P2→开门点 P4→关门点 P5（开门行程）→卡盘 P6（装夹工件）→退出→关门点 P5→开门点 P4（关门行程）→回 1#基准点 P1

图 17-5　首次装夹路径

```
1 CALLP "QULIAO"  调用取料子程序
2 CALLP "KAIM"  调用开门子程序
3 * LAB1
```

```
4 IF M_IN(11)= 1 THEN GOTO* LAB1'  主轴转速= 0判断。若主轴转速不为0,则跳转到* LAB1,
否则执行下一步
5 CALLP "JIAZ"'  调用首次装夹子程序
6 CALLP "GM"'  调用关门子程序
7 M_OUT(17)= 1'  发加工启动指令
8 MOV P1'  回基准点
9 M100= 1'  首次装夹完成
10 END
```

（2）调头装夹子程序

在本项目中，需要对工件两头进行加工，所以在加工完一头后需要先卸下，抓手运动到调头工位进行调头，再进行装夹。图17-6所示为调头装夹流程图，工作路径如图17-7所示。

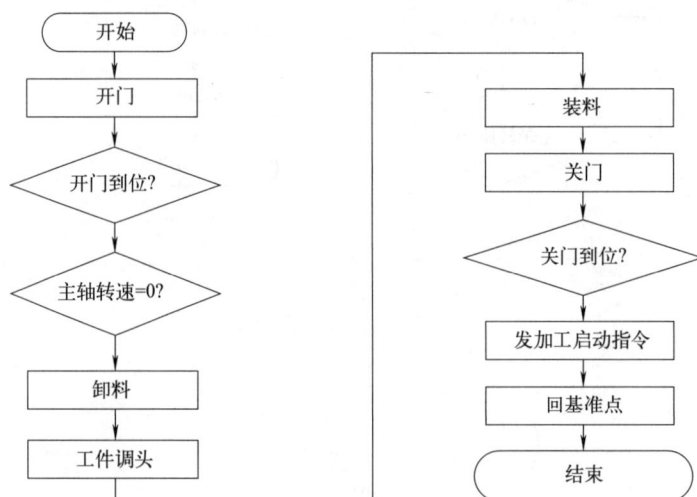

图17-6　调头装夹流程图

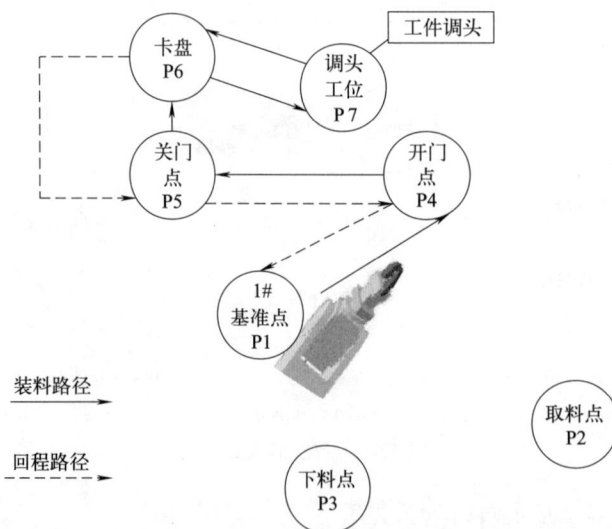

1＃基准点 P1→开门点 P4→关门点 P5（开门行程）→卡盘 P6（卸下工件）→调头工位 P7（调头处理）→
卡盘 P6（装夹工件）→退出→关门点 P5→开门点 P4（关门行程）→回 1＃基准点 P1

图17-7　调头装夹路径

```
1 CallP "KAIM"  调用开门子程序
2 * LAB1
3 IF M_IN(11)= 1 THEN GOTO* LAB1'  主轴转速= 0 判断。如果主轴转速不为 0,则跳转到* LAB1
4 CALLP "DIAOT"  调用调头装夹子程序
5 CALLP "GM"'  调用关门子程序
6 M_OUT(17)= 1'  发加工启动指令
7 MOV P1'  回基准点
8 M200= 1'  调头装夹完成
9 END
```

（3）卸料及装夹联合子程序

在本项目中，当工件加工完成后，为提高效率，需要先卸料再进行装夹新料。图 17-8 所示为卸料及装夹联合流程图，工作路径如图 17-9 所示。

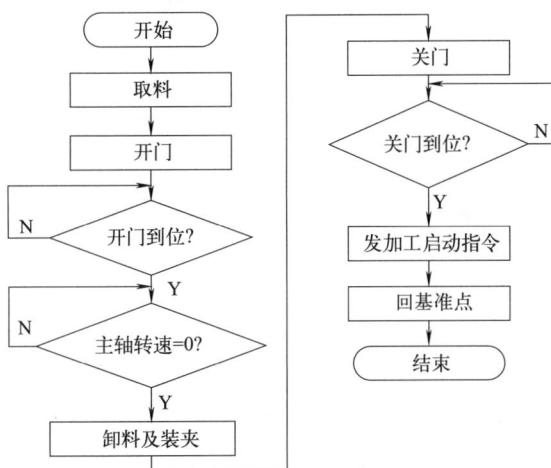

图 17-8　卸料及装夹联合流程图

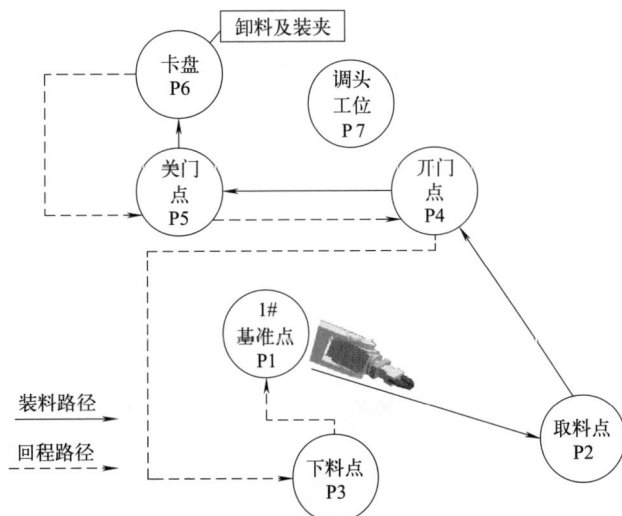

1♯基准点 P1→取料点 P2→开门点 P4→关门点 P5（开门行程）→卡盘 P6（卸下工件）→装夹工件

→退出→关门点 P5→开门点 P4（关门行程）→下料点 P3（下料）→回 1♯基准点 P1

图 17-9　卸料及装夹联合路径

```
1 CALLP "KAIM"'  调用开门子程序
2 * LAB1
3 IF M_IN(11)= 1 THEN GOTO* LAB1'  主轴转度= 0判断。如果主轴转速不为 0,则跳转到 * LAB1
4 CALLP "XJ"'  调用卸料及装夹子程序
5 CALLP "GM"'  调用关门子程序
6 M_OUT(17)= 1'  发加工启动指令
7 CALLP "XIAL"'  调用下料子程序
8 END
```

17.3.3　二级子程序

（1）开门子程序

```
1 MOV P4'  移动到开门点 P4
2 DLY 0.2'  暂停
3 MOV P5 '  开门行程
4 DLY 0.2'  暂停
5 * LAB1'  程序分支标记
6 IF M_IN(13)= 0 GOTO * LAB1'  等待开门到位信号
7 MOV P10'  移动到门中间
8 END
```

（2）关门子程序

```
1 MOV P10'  移动到门中间
2 MOV P5'  移动到关门点 P5
3 DLY 0.2'  暂停
4 MOV P4'  关门行程
5 DLY 0.2'  暂停
6 * LAB2'  程序分支标记
7 IF M_IN(12)= 0 GOTO * LAB2'  等待关门到位信号
8 MOV P10'  移动到门中间
9 END
```

（3）调头装夹子程序

```
1 OVRD 70
2 MOV P6 , 30'  2# 抓手移动到卡盘上方 30mm
3 DLY 0.2'  暂停
4 M_OUT(14)= 1'  发 2# 抓手松开指令
5 WAIT  M_IN(19)= 1'  等待 2# 抓手松开到位
6 MOV P6 '  2# 抓手移动到卡盘中心点
7 M_OUT(13)= 1'  2# 抓手夹紧
8 WAIT M_IN(18)= 1'  等待 2# 抓手夹紧到位
9 M_OUT(16)= 1'  发卡盘松开指令
10 WAIT M_IN(15)= 1'  等待卡盘松开到位
```

```
11 MOV P16'　拉出工件
12 MOV P17,30'　移动到调头工位上方 30mm
13 MOV P17'　移动到调头工位
14 M_OUT(14)= 1'　发 2# 抓手松开指令
15 WAIT M_IN(19)= 1'　等待 2# 抓手松开到位
16 MOV P17,30'　上升 30mm
17 MOV P18,30'　移动到工件正中间位
18 MOV P18'　下降 30mm
19 M_OUT(13)= 1'　2# 抓手夹紧
20 WAIT M_IN(18)= 1'　等待 2# 抓手夹紧到位
21 MOV P18,60'　上升 60mm
22 MOV J_CURR + (0,0,0,0,0,180)'　旋转 180°
23 MOV P19'　移动到调头工位
24 M_OUT(14)= 1'　发 2# 抓手松开指令
25 WAIT M_IN(19)= 1'　等待 2# 抓手松开到位
26 MOV P19,30'　上升 30mm
27 MOV P17,30'　移动到调头工位上方 30mm
28 MOV P17'　移动到调头工位
29 M_OUT(13)= 1'　2# 抓手夹紧
30 WAIT M_IN(18)= 1'　等待 2# 抓手夹紧到位
31 MOV P17,30'　上升 30mm
32 MOV P16'　移动到卡盘中心点
33 MOV P6'　工件插入卡盘内
34 M_OUT(15)= 1'　发卡盘夹紧指令
35 WAIT M_IN(14)= 1'　等待卡盘夹紧完成
36 M_OUT(14)= 1'　发 2# 抓手松开指令
37 WAIT  M_IN(19)= 1'　等待 2# 抓手松开到位
38 MOV P10'　退至加工中心门外
39 END
```

（4）卸料及装夹子程序

```
1 OVRD 70
2 MOV P6 , 30'　2# 抓手移动到卡盘上方 30mm
3 DLY 0.2'　暂停
4 M_OUT(14)= 1'　发 2# 抓手松开指令
5 WAIT M_IN(19)= 1'　等待 2# 抓手松开到位
6 MOV P6'　2# 抓手移动到卡盘中心点
7 M_OUT(13)= 1'　2# 抓手夹紧
8 WAIT M_IN(18)= 1'　等待 2# 抓手夹紧到位
9 M_OUT(16)= 1'　发卡盘松开指令
10 WAIT M_IN(15)= 1'　等待卡盘松开到位
11 MOV P16'　拉出工件
```

```
12 MOV P20'   1# 抓手到装夹位
13 MOV P21'    插入工件
14 M_OUT(15)= 1'  发卡盘夹紧指令
15 WAIT M_IN(14)= 1'  等待卡盘夹紧完成
16 M_OUT(12)= 1'  发 1# 抓手松开指令
17 WAIT M_IN(17)= 1'  等待 1# 抓手松开到位
18 MOV P10'  退至加工中心门外
19 END
```

视频目录

视频序号	视频名称	本书页码
25	讲解 Dly 暂停指令（延时指令）	103
26	讲解码垛指令	105
27	讲解速度设置指令	107
28	讲解速度调节指令	108
29	讲解抓手张开/闭合指令	118
30	讲解状态变量——机器人当前位置	133
31	讲解状态变量——机器人各轴负载率	135
32	使用参数定义输入/输出端子功能	159
33	观察一个典型的搬运程序	167
34	编制一个搬运程序	167
35	讲解构建码垛程序结构的方法	167
36	编制及分析码垛程序	167
37	观察一个典型的装配程序	168
38	观察一个典型的焊接程序	168
39	讲解触摸屏操作方法	168
40	机器人配合数控折弯机工作	168
41	讲解机器人工作台操作方法	168
42	欣赏机器人的艺术工作	168

参考文献

［1］ 黄风. 机器人在仪表检测生产线中的应用. 金属加工，2016（18）：60-64.

［2］ 戎罡. 三菱电机中大型可编程控制器应用指南. 北京：机械工业出版社，2011.

［3］ 刘伟. 六轴工业机器人在自动装配生产线中的应用. 电工技术，2015（8）：49-50.

［4］ 吴昊. 基于 PLC 的控制系统在机器人码垛搬运中的应用. 山东科学，2011（6）：75-78.

［5］ 任旭，黄云，杨仲升，等. 机器人砂带磨削船用螺旋桨关键技术研究. 制造技术与机床，2015（11）：127-131.

［6］ 高强，田凤杰，宋建新. 基于力控制的机器人柔性研抛加工系统搭建. 制造技术与机床，2015（10）：41-44.

［7］ 陈君宝. 滚边机器人的实际应用. 金属加工，2015（22）：60-63.

［8］ 陈先锋. 伺服控制技术自学手册. 北京：人民邮电出版社，2010.

［9］ 杨叔子，杨克冲，等. 机械工程控制基础. 6 版. 武汉：华中科技大学出版社，2011.

［10］ 黄风. 运动控制器与数控系统的工程应用. 北京：机械工业出版社，2014.